統計的工程管理

原点回帰から新機軸へ

一般社団法人 日本品質管理学会 監修

仁科 健 著

日本規格協会

JSQC選書
JAPANESE SOCIETY FOR
QUALITY CONTROL

36

発刊に寄せて

　日本の国際競争力は，BRICsなどの目覚しい発展の中にあって，停滞気味である．また近年，社会の安全・安心を脅かす企業の不祥事や重大事故の多発が大きな社会問題となっている．背景には短期的な業績思考，過度な価格競争によるコスト削減偏重のものづくりやサービスの提供といった経営のあり方や，また，経営者の倫理観の欠如によるところが根底にあろう．

　ものづくりサイドから見れば，商品ライフサイクルの短命化と新製品開発競争，採用技術の高度化・複合化・融合化や，一方で進展する雇用形態の変化等の環境下，それらに対応する技術開発や技術の伝承，そして品質管理のあり方等の問題が顕在化してきていることは確かである．

　日本の国際競争力強化は，ものづくり強化にかかっている．それは，"品質立国"を再生復活させること，すなわち"品質"世界一の日本ブランドを復活させることである．これは市場・経済のグローバル化のもとに，単に現在のグローバル企業だけの課題ではなく，国内型企業にも求められるものであり，またものづくり企業のみならず広義のサービス産業全体にも求められるものである．

　これらの状況を認識し，日本の総合力を最大活用する意味で，産官学連携を強化し，広義の"品質の確保"，"品質の展開"，"品質の創造"及びそのための"人の育成"，"経営システムの革新"が求められる．

4

　"品質の確保"はいうまでもなく，顧客及び社会に約束した質と
価値を守り，安全と安心を保証することである．また"品質の展
開"は，ものづくり企業で展開し実績のある品質の確保に関する考
え方，理論，ツール，マネジメントシステムなどの他産業への展開
であり，全産業の国際競争力を底上げするものである．そして"品
質の創造"とは，顧客や社会への新しい価値の開発とその提供であ
り，さらなる国際競争力の強化を図ることである．これらは数年
前，(社)日本品質管理学会の会長在任中に策定した中期計画の基本
方針でもある．産官学が連携して知恵を出し合い，実践して，新た
な価値を作り出していくことが今ほど求められる時代はないと考え
る．

　ここに，(社)日本品質管理学会が，この趣旨に準じて『JSQC選
書』シリーズを出していく意義は誠に大きい．"品質立国"再構築
によって，国際競争力強化を目指す日本全体にとって，『JSQC選
書』シリーズが広くお役立ちできることを期待したい．

　2008年9月1日

社団法人経済同友会代表幹事
株式会社リコー代表取締役会長執行役員
(元 社団法人日本品質管理学会会長)

桜井　正光

ま　え　が　き

　愛知工業大学経営学部に在籍して6年がたとうとしている．ものづくり経営を核とする工業大学の経営学部での教育研究と名古屋工業大学川村研究室との共同研究の機会を併せもつ環境は，研究の継続にこの上なくありがたい場である．何とか成果を発信したいと思っていた矢先，JSQC選書刊行特別委員会からオファーをいただいた．二つ返事で委員会宛に企画書を提出した．

　統計的工程管理を研究テーマの一つとして取り組んできたものの，企業での実務経験がない．現場の本音はどうなのかがいつも気になっていた．幸いにも，JSQC中部支部には開催回数が優に100回を超える東海地区若手研究会［仁科，松田（2017）］があり，名古屋工業大学には産学連携の場として工場長養成塾［仁科他（2016）］があった．ここで実務経験が豊富な方々から学ぶ機会を得た．本書の二つの視点（工程能力情報の二面性，管理用管理図の役割）は現場からの問題提起が端緒である．

　工程能力情報の二面性に関する最初の研究発表は1993年のJSQC第45回研究発表会にさかのぼる．ルーツは上記の若手研での産業界メンバーからの問題提起であった．幾何特性である平面度を取りあげ，工程能力調査の二面性の概念に行き着いた［飯田他（1993）］．

　"管理用管理図がテキストどおりに機能した例を見かけたことがない."1987年の『品質』誌に掲載された中村恒夫氏による管理用

管理図への問題提起［中村（1987）］はセンセーショナルであった．氏が関西地区 QC 界の重鎮でもあっただけに，その発言を大変重く受け止めてきた．

本書の副題は"原点回帰から新機軸へ"である．上記の二つの視点についてさかのぼって文献を調べた．腑に落ちることがずいぶんあった．しかし，昨今のものづくりの現場で，それを実現できるのか．新機軸という風呂敷は広げたものの，本書は提言にとどまり，活きた事例を紹介したわけではない．読者には，"なるほどな"と思われるところがあったならば，ぜひ試行をお願いしたい．本書が活きた発信となることを願っている．

名古屋工業大学の初代学長清水勤二先生は，1949 年に創刊された学報において，"活きた教育，活きた研究"という言葉で，工業単科大学としての名工大の存在意義を示している[1]．この言葉は，筆者が永年にわたりお世話になった母校名工大の DNA だと思っている．自分自身がその DNA をどの程度持ち合わせているかは甚だ自信がない．しかし，少なくともその意識だけは持ち続けて本書を執筆した．読者にそれを伝えることができたならば幸甚である．

最後に，本書を JSQC 選書として刊行することに賛同をいただいた JSQC 選書刊行特別委員会に感謝したい．初稿に対して貴重なコメントを頂戴した飯塚悦功先生と永田靖先生，冒頭の JSQC 中部支部東海地区若手研究会，名古屋工業大学工場長養成塾の関係諸氏，また，共同研究において，統計的工程管理の実態について情報を提供していただいた現ルネサスエレクトロニクス(株) 東出政

[1] 名古屋工業大学八十周年記念事業会編(1987)：名古屋工業大学八十年史.

信氏に併せて御礼申し上げたい．

2024 年 6 月

仁科　健

目　　次

第3章 管理用管理図の役割　73

第 4 章　原点回帰から新機軸への展開　　121

第1章 本書の視点

　JIS Z 8101-2:2015（ISO 3534-2:2006）は，統計的工程管理（Sta-tistical Process Control：SPC）を"変動の低減，プロセスに対する知識の向上，及び望ましい方向へプロセスを導くために統計的技法を活用することに焦点を当てた活動"と定義している．この定義は，第一義的な目的である工程の変動の低減に加え，その活動過程における生産技術・製造技術の蓄積の重要性を表している．変動の低減と技術の蓄積の両者が統計的工程管理の目的であることを意識したうえで，本書では，

1) 工程能力情報の二面性とその対応
2) シューハート管理図は管理用管理図たりうるか

に焦点を当てる．まず，第1章でそれぞれの視点から問題提起を行う．第2章以降は，統計的工程管理の原点回帰を踏まえたうえで新機軸への展開を交え，それぞれの問題提起への対応を議論する．

1.1 工程能力情報の二面性

1.1.1 問題提起

　工程能力情報は，品質をつくり込んだプロセスが健全であること（プロセスの質保証）を顧客に示すための保証情報であり，ISO

9001 あるいは IATF 16949 など第三者認証における要求項目として欠かせない外部情報である．一方，維持管理，工程改善，工程設計や製品設計情報など，対象とする自工程を含めた上流プロセスへフィードバックする情報は，工程能力情報の技術情報であり，内部情報である．もちろん，内部情報あってこその外部情報である．工程の下流への保証情報となる特性を保証特性と呼び，その保証特性を構成しプロセスの要素と紐付けることができる特性を技術特性と呼ぶことにする．保証情報に資する保証特性と技術情報に資する技術特性は必ずしも一致しない．仁科（2009）はこれを工程能力の二面性と呼んだ．

第三者認証も同様な二面性をもつ．ISO 9001 の認証の一義的な目的は "能力の証明" であり，副次的と説明されているものの "能力の向上" も一方の目的である［飯塚，金子，平林編（2018）］．"能力" を "工程能力" に置き換えるならば，工程能力調査の目的は "工程能力の証明" であり，"工程能力の向上" でもある．

本書では，上記の仁科（2009）が問題提起した工程能力の二面性を，品質特性の二面性（技術特性と保証特性）にとどまらず，工程の変動がもつ二面性（系統変動と偶然変動の区別の有無）まで拡張し，工程能力情報の二面性と呼ぶこととする．

1.1.3 と 1.1.4 で取りあげる二つの事例は，工程能力情報の二面性を意識すべき事例である．1.1.3 は保証特性が幾何特性のケースである．部品形状の複雑化によって設計情報として幾何特性が普及し，製造工程も複合加工機が一般化した．幾何特性は下流への保証特性として有用であるが，特性が複合化していることから，上流へ

の技術情報として要因との紐付けが難しい．1.1.4 は工具の摩耗に
よる特性値の傾向変化を許容した事例である．保証すべきは傾向変
化とそのリカバリー（この場合は調節）を含んだ結果のばらつきで
ある．では，どのばらつきを工程能力情報として把握すべきであろ
うか．

　ここで危惧されるのが，工程能力情報の技術情報に関するブラッ
クボックス化である．工程能力情報が下流への保証情報に偏った用
途になり，工程能力の向上に資する上流への技術情報として十分に
活用されていないのではないか．工程解析や工程改善が不十分であ
るという意味ではない．工程能力情報が工程解析や改善に連動して
いないことを危惧するものである．

　はたして工程能力情報の二面性が担保されているのだろうか．保
証情報として "工程能力指数 C_p は 1.33 以上" が独り歩きをし，技
術情報による裏打ちが不十分な保証情報になっていないだろうか．
これが一つ目の問題提起である．

1.1.2　process capability と process performance

1.1.1 での問題提起に対して，本書では，process capability と
process performance [2] を明確に区別し，工程能力情報として意味
づけることによって対応しようとするものである．本項ではその準
備として process capability と process performance に関する解説

---

[2]　工程能力（process capability）はポピュラーな用語であるが，process per-
formance はそれほどなじみがある用語ではない．process performance は，
JIS Z 8101:2015 ではプロセスパフォーマンス，工程変動と，また IATF
16949 では工程性能と和訳されている．

を行う.

　なお, 本書では process capability と process performance を明確に区別する必要があることから, 本書で強調したい process capability を意味する場合は Capability と記し, process performance を意味する場合は Performance と記す. ただし, 例えば, 文献を参考あるいは引用する場合は, その文献に準じた表現を用いる.

　Capability は Juran (1951) で議論されたのが始まりであると考えられる [木暮 (1975)]. 明確な定義を与えたのは, Western Electric Co. (1956) の Statistical Quality Control Handbook であり, その定義は ISO 3534-2:2006 の定義に反映されている. JIS Z 8101-2:2015 (ISO 3534-2:2006) は, Capability を "統計的管理状態にあることが実証されたプロセスについての, 特性の成果に関する統計的推定値であり, プロセスが特性に関する要求事項を実現する能力を記述したもの" と定義し, Performance を "統計的管理状態であることが実証されているとは限らないプロセスについての, 特性の成果に関する統計的尺度" と定義している. ISO/JIS の定義における両者の違いは, Performance は工程が管理状態であることを限定していない点にある.

　我が国では Performance を含めて Capability として解釈してきた組織が多い [JSQC 標準化委員会 (2011)]. 例えば, 従来から, Capability を求める方法として, R 管理図 (群内変動) から求める方法とヒストグラム (工程の全変動＝群内変動＋群間変動) から求める方法の 2 通りを提示していたものを, 後者を Performance

とすることによって，Performanceをとりたてて新しい概念とし
て認識する必要はなかったと言ってよい．適用の場では，まだ工
程が管理状態にないとき（例えば初期流動期）ではPerformance
を使い，工程が管理状態になったとき（例えば本流動期）では
Capabilityを使うという使い分けもされている．これらの考え方
と活用はISO/JISの定義から逸脱するものではない．すなわち，
Capabilityは，工程が管理状態であることを前提として，R管理
図から群内変動（σ）の推定量

$$\hat{\sigma} = \frac{\bar{R}}{d_2} \quad \text{ここで，} \ \bar{R} = \frac{\sum_{i=1}^{k} R_i}{k} \ (k \text{は群の数}), \ d_2 = \frac{E(\bar{R})}{\sigma}$$

(1.1)

から構成される．一方，Performanceは工程の全変動（s）

$$s = \sqrt{\frac{\sum_{i=1}^{n}(x_i - \bar{x})^2}{n-1}} \quad \text{ここで，} \ \bar{x} = \frac{\sum_{i=1}^{n} x_i}{n}$$

(1.2)

から構成される．この点で，CapabilityとPerformanceが差別
化されていると言える．木暮（1975）はWestern Electric Co.の
『Statistical Quality Control Handbook』を引用し，工程の能力
（Capability）とその実績（Performance）という表現を用い，そ
の違いを説明している．ただし，Kotz and Lovelace（1998）や
Montgomery（2013）は，変動の予測ができない理由から，必ずし
も管理状態でない工程の変動によって構成されるPerformanceを，
工程能力情報として利用することに否定的である．なお，Capabil-
ityとPerformanceは標準偏差の6倍で定量化されるのが一般的で

あるが，特に断らない限り本書では，式(1.1)や式(1.2)のように，それらを構成する標準偏差によって表現する．

　以上から，Capability と Performance の違いは，工程が管理状態にあるか，あるいは，それを限定しないかと考えてよい．これに対して本書では，工程能力情報における Capability と Performance の違いをより明確にし，1.1.1 での問題提起にある工程能力情報の二面性に資する，より積極的な役割をもたせることを提案したい．以後，本書では，工程能力情報とは Capability と Performance を併せた情報を意味し，Capability に関する議論は，工程が管理状態にあることを前提としたものとする．

1.1.3　幾何特性を保証特性とする工程

　幾何特性である穴部の中心の位置度が保証特性である工程を考える［伊崎他（2002）］．JIS B 0621:1984 では位置度 D を

$$D = 2\sqrt{(x-x_0)^2 + (y-y_0)^2} \tag{1.3}$$

$$\text{ここで，}(x_0, y_0) \text{ は目標値}$$

と定義している．式(1.3)に示すように，位置度は目標値 (x_0, y_0) からのユークリッド距離の2倍で構成される，いわば複合特性である．設計情報として幾何特性である位置度が提示されたとき，製造サイドとしては位置度の精度を実現するために設備の X 軸方向と Y 軸方向の座標精度（寸法特性）の確保に注力する．このとき，下流の組み付け工程へ保証すべきは幾何特性である位置度であり，X 軸方向と Y 軸方向の座標値ではない．しかし，位置度をつくり込むのは X 軸方向と Y 軸方向の寸法特性である．

　ここで，位置度が後工程への保証特性であるのに対して，X軸方向とY軸方向の座標を技術特性と解釈できないであろうか．製造サイドにとって，保証特性が与えられた特性であるのに対して，技術特性は，保証特性を構成する製造サイドのつくり込み要因の特性である．

　今，図1.1に示すように，位置度のばらつきが規格に対して確保されていたとする．しかし，同データのX軸方向とY軸方向の座標値（寸法特性）のばらつきが，図1.2に示すような状態であると

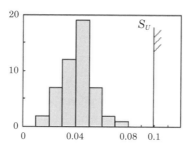

図 1.1　位置度 D のヒストグラム
［伊崎，葛谷，仁科（2002）］

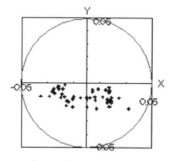

図 1.2　X軸，Y軸方向の目標値からの寸法
特性の分布［伊崎，葛谷，仁科（2002）］

しよう．位置度 D の Capability は見かけ上は十分であるが，位置度を構成する X 軸方向の Capability が十分ではない．このとき，位置度の保証は十分であると言えるであろうか．あるいは，位置度 D の標準偏差を対象工程の Capability と考えてよいのだろうか．

1.1.4 傾向変化をもつ工程

図 1.3 のように，特性である外径寸法が傾向変化を示す工程の工程能力情報を考える．傾向変化の原因は工具の摩耗である．起こるべくして起きた系統変動の典型的な例である．図 1.3 の工程では，定期的に工具のドレッシングが入り，リカバリー行為である調節が行われている．起こるべくして起きる系統変動は，許容できる範囲では"あきらめた変動"である．しかし，この系統変動を加工要素に起因する変動と同様に扱ってよいのであろうか．Kotz and

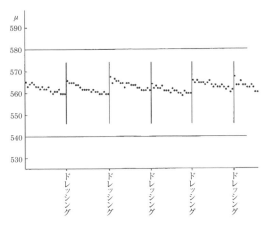

図 1.3 傾向変化をもつ工程［神尾，仁科，大場（1982）］

Lovelace（1998）は，Capability を評価する際，系統変動は取り除くべきであると述べている．しかし，下流へ保証すべき特性は系統変動を含むことになる．この工程の Capability はどのように計量されるべきであろうか．

設備集約型の工程の場合，図 1.3 のような系統変動が，多かれ少なかれ存在する．保証すべき特性の変動には系統変動が含まれるが，系統変動は起こるべくして起きた変動である．このとき，Capability と Performance をどのように考え，どのように評価すべきであろうか．

ここで，1.1.3 の幾何特性をもつ工程と本項の系統変動をもつ工程には，工程能力情報の二面性からみて共通の視点があることに気づく．幾何特性のケースでは，保証特性は複数の寸法特性が合成された複合特性であり，傾向変化のケースでは，保証特性は傾向変化を含む複合分布である．これらの例において，Capability と Performance の差別化を明確にすることによって，本書で主張したい工程能力情報の二面性を説明できないであろうか．

（1.2）　シューハート管理図は管理用管理図たりうるか

1.2.1　問 題 提 起

周知のように，管理図[3]は 1920 年代にシューハートによって提案されたものである．その基本である 3 シグマ法は今も引き継が

---

[3] 本書では，他の管理図との区別が必要でない限り，管理図とはシューハート管理図を指す．

れている．しかし，中村（1987）は"管理用管理図が，そのテキストに記されているとおりに機能している例を見かけたことがない"という問題を提起した[4]．管理外れを示したとき，その原因を調べ，真因を突き止め，その原因を除去するといった要求に，管理用管理図が応えられるであろうか．また，大量のデータをリアルタイムに獲得できる環境下では，早期の異常検知機能は機械学習に期待できるのでは，などと思案したならば，管理用管理図不要論に至っても不思議ではない．

　一方，解析用管理図はというと，QC 七つ道具の一つでもあり，主に工程解析のツールとして活用されている．前掲の中村（1987）にも"解析用管理図は多く用いられ，かつ大変に役立っていると見うけられる"とある．

　とはいえ，管理用管理図が製造現場から姿を消しているわけではない．外部（第二者あるいは第三者）からの要請として，例えば，工程能力情報と同様に，ISO 9001 や IATF 16949 のような第三者認証制度に管理用管理図は欠かせない．工程能力情報の二面性を担保したプロセスの質保証において，管理用管理図はどのような役割をもつのか，その役割を果たすためにはどのような使い方をすべきかを考えたい．これが二つ目の問題提起である．

1.2.2　管理用管理図に期待する機能

管理図の基本的な役割は

---

[4] 中村（1987）による管理用管理図への問題提起は，宮川（2000）にも取りあげられ，そこでは管理特性や第一種の過誤への言及がある（3.2.3 参照）．

1) 工程を管理状態にもっていく.

2) 工程が管理状態であることを維持する.

である. 1) の役割をもつのが解析用管理図であり, 2) の役割をもつのが管理用管理図である[5]. 例えば, 初期流動管理では工程能力の向上をねらい工程改善が進む. このとき工程解析のツールとして解析用管理図が活用される. Capability の確保が判断されたならば, 本流動管理に移行し, 初期流動期で達成した Capability から設計された管理用管理図による維持の管理が始まる.

一方, 前述したように, 解析用管理図は QC 七つ道具の一つとして工程解析に広く用いられており, 中村 (1987) も解析用管理図の効果は認めている. 管理図が解析用として広く活用されているのは我が国の特徴とも言える.

また, 中村 (1987) には "数少ない, 有効に機能している管理用管理図は, むしろテキスト外の使い方であるプロセスの調節に用いられるケースである. (中略) 調節用管理図が存在するならば, それは現在の 3 シグマ管理図が適切であるか否かが問題となろう" との記述がある.

管理図がもつ機能から, 解析用, 管理用, 調節用の管理図のそれぞれの違いを整理することによって, 工程能力情報の二面性に資する管理用管理図への考え方や役割がみえてくるのではなかろうか. 例えば 1.1.3 で述べた幾何特性をもつ工程, あるいは, 1.1.4 で述

---

[5] JIS Z 9020-2:2023 では, 解析用, 管理用という言葉は使われていない. "標準値がない場合" "標準値がある場合", あるいは, "フェーズ 1" "フェーズ 2" という表記である.

べた傾向変化をもつ工程の工程能力情報を考えたとき，Capability を計量するときの前提である"工程が管理状態である"ことに対して，管理用管理図はどのような役割をもつのかを考えたい．

第2章　工程能力情報の二面性とその対応

2.1　工程能力の原点回帰

　図2.1は1963年6月15日に日科技連大阪事務所において"工程能力について"と題して行われた座談会[6]で提示されたものである．ここでは，図2.1を基にした同座談会での議論から次のことに注目する．図2.1の原著のタイトルが"工程能力の機能分析"である．また，図中に"工程自体から得られるもの"という説明文があ

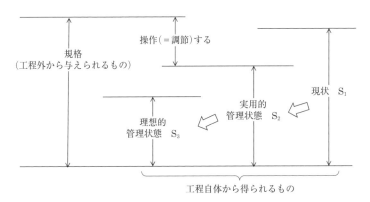

図 2.1　工程能力の機能分析
［日本科学技術連盟 (1963)］

---

[6] 座談会への出席者は，阿澄一興，石川馨，木下道信，木暮正夫，辻内一男，松原寛，村上昭，和久野俊三，藤田薫 (司会) の諸氏 (本文中は敬称略) である．

り，工程能力は工程解析の機能（工程能力の改善）を含んでいることを示している．座談会のなかで石川は“一連の管理活動を工程能力調査と呼ぶより，調査はアクションを含まないという理由から，工程能力研究と呼ぶ”ことをすすめている．すなわち，工程能力に関連する管理行為に工程改善があることが強調されている．また，藤田は，

- ・工程能力という言葉に，調査するという機能と操作するという機能がある．
- ・調査する機能とは図 2.1 の矢印で示されたような，工程能力の改善機能であり，工程自体の問題である．
- ・操作する機能とは規格に合ったものをつくるという目的で調節が相当する．

と述べている．当時はマネジメントシステムに関する第三者適合性評価は存在していないが，下流への保証が“規格に合ったものをつくる”という表現で示されている．また，鈴木（1963）は，調節の標準化が工程能力調査において先駆けて行うことであることを述べている．ただし，木暮（1975）は工程解析活動自体を工程能力研究に含めることには否定的である．本書も工程解析自体を工程能力情報の二面性として捉えているのではなく，工程解析に資する技術情報として二面性を捉えている．以上のように，座談会での議論は，本書が主張する工程能力情報の二面性（保証情報と技術情報）を示唆していると考える．

　1961 年デンソー（当時，日本電装）は，工程能力調査を力点の一つとしてデミング賞実施賞を受賞した．工程能力を“十分標準化

された工程において生産される製品特性のとり得るばらつきの範囲" と定義し，規格に対して工程能力が十分余裕がある場合は，許容できるまでばらつきを許して加工速度を上げるという管理を実施している［大須賀 (1961)］．この考え方は，工程能力を確保し把握することによって，規格幅に対する余裕度を計っていると解釈できる．また，"型もの" のように平均値がねらい値に合致しない場合，偏りを考慮した工程能力（偏りを考慮した工程能力指数 C_{pk}）を導入した［杉山 (2014)］．また，杉山 (2014) は，ばらつきは設備を製造現場に提供する生産技術の責任であり，ばらつきの位置を規格の中心に合わせるのが製造現場の責任であるとして，前者のばらつきは生産技術上からみた規格に対する満足度であり，後者は品質保証上からみた規格に対する満足度と考えられるとしている．デンソーにおけるこれらの工程能力調査の実践から "工程能力に裏打ちされた成果の保証" あるいは "工程能力情報の二面性" が意識されていたと解釈できる．

上記の座談会への出席者の一人である木暮は，懇談会に先んじて工程能力に関する論説［木暮 (1963)］を発表している．この論説と座談会での議論が，木暮 (1975) における工程能力の定義の核となっている．木暮 (1975) は工程能力を規定する要件として次のことをあげている．

1) 工程能力は結果に対するものである．

2) しかし，過去につくり出された結果を評価することではない．

3) したがって要因についての規定が必要となる．

4) 要因の状態についての結果側からの規定の仕方は工程の置かれた条件によって異なる.

5) 工程能力は特定条件のもとでの到達可能の限界条件を示す情報でなければならない.

6) 工程能力の測度は工程能力の概念に付随して定めることが望ましい. しかし測度は必ずしも固定したものではない.

　要件 1), 2) と 3) を合わせて, 工程能力は成果の情報を利用するが, その評価対象は成果ではなく, 規定された要因で構成された, すなわち標準化された, その成果をつくり込んだプロセスの評価である.

　加えて, 注目する点は要件 3) である. これに関して木暮 (1975) は次のように解説している. 3) は工程が管理状態であるという結果側と同時に, 要因側では偶然変動だけが作用する状態が意図的に確保されていることを意味する. すなわち, 単に工程が管理状態であるという結果の状態の規定にとどまらず, 管理状態という結果が, 特定の意図的行動のもとに得られたものであるという確証がなければならない. このことは, 工程能力情報の技術情報において, また, 本書第3章の管理用管理図の役割において重要な視点となる.

　要件 4) は後述する 2.3 の系統変動に関連する. 4) における "要因の状態についての結果側からの規定の仕方" とは, 例えば工具の摩耗, 機械のくせ, 気温の変化などによる, 起こるべくして起きる変動 (系統変動) に対して, それらを許容することも含み, 元の状態に復元させる要因への介入行為を標準化することを意味する. 標準化された行為が経済的条件を前提として行われ, その結果の再現

性が確保されていることを要件とするものである．この要件は，標準化と再現性が担保されている限り，許容する変動が存在することを意味し，前述した鈴木（1963）の調節の標準化は工程能力評価に先駆けて行うべきであるという主張に対応する．再現性の担保という点は，3.3 で取りあげる管理図の管理特性の選定において視点の一つとなる．

要件 5) の"特定の条件"とは，4) で述べた目的性を有する標準化された条件を指す［木暮（1975）］．ここで，目的性を有するという意味には，起こるべくして起こる系統変動を許容することも含まれる．系統変動を許容する場合を含めて，工程能力はその行為によって経済的に折り合う限りにおいて到達可能な限界値を対象とする［木暮（1975）］．

要件 6) は，工程能力の測度は工程能力の概念に対応して選択すべきであることを述べている．例えば，工程能力の測度として，必ずしも標準偏差の 6 倍を選択する必要はないことを意味する．工程能力の概念によって工程能力の測度を定めるべきであり，固定化する必要はないという要件 6) は，本書が主張する工程能力情報の二面性（Capability と Performance）に対応する測度の議論（2.5）につながる．

ここまでの工程能力に関する原点回帰から，

・保証情報と技術情報の工程能力情報の二面性の考え方
・工程能力に裏打ちされた成果の保証

が従来から意識されていたと考えられ，工程能力情報の二面性を Capability に裏打ちされた Performance によって構成しようとす

る本書の提案の基をくみ取ることができる.

　また，木暮（1975）から，工程能力情報には，技術情報に関連して

　　・工程能力を規定する要件として，工程が管理状態であるという結果だけではなく，管理状態をつくり込む目的をもった要因系の標準化がある

という点に，また，保証情報に関連して

　　・工程能力は起こるべくして起こる系統変動は経済的に折り合う限りにおいて許容し，そのうえで到達可能な限界値である

という点に注視して議論を進めたい.

(2.2) 工程能力情報の二面性に対応する Capability と Performance

　1.1.2 で述べたように，Capability と Performance の違いは，工程が管理状態であることを前提とするか，必ずしも前提としないかであった．これに対し工程能力情報の二面性を主張する本書では，自工程を含む上流への工程解析に資する技術情報として Capability を，下流への保証に資する保証情報として Performance を再定義し，Capability に裏打ちされた Performance をプロセスの質保証とする．ただし，本書で定義する Performance は，1.1.2 で述べた Capability と Performance のこれまでの定義に抵触するものではなく，また，その求め方である式(1.1)及び式(1.2)を基本的に変更するものでもない．統計的工程管理によるプロセスの質保証におけ

る，Capability と Performance がもつ役割を明確にするものである．

　幾何特性である位置度が保証特性であるケース（1.1.3）と，傾向変化をもち保証特性が複合分布となるケース（1.1.4）を例に，本書で考える Capability と Performance を説明する．

　1.1.3 の位置度の場合，下流に保証すべき幾何特性である位置度のばらつきが Performance である．一方，位置度をつくり込む技術特性は，式(1.3)が示す X 軸方向と Y 軸方向の座標値（寸法特性）であり，そのばらつきが Capability である．この例のように，Capability に資する技術特性と Performance に資する保証特性は必ずしも一致しない．そして，Capability に資する技術特性である X 軸方向と Y 軸方向の座標値の変動が管理状態であるならば，保証特性である位置度 D の変動は予測できるものとなり，Performance によるプロセスの質保証を裏打ちするエビデンスとなる．ここに，"Capability に裏打ちされた Performance" という工程能力情報の二面性という発想が生まれる．

　1.1.4 の傾向変化を示す工程の場合，保証すべきは系統変動を含んだ工程の全変動であり，複合分布をなす．したがって，下流への保証である Performance は工程の全変動である複合分布から求められる．複合分布を構成するのは，工具の摩耗による傾向変化とドレッシングによるリカバリー行為による変動である．前者の変動は，起こるべくして起きた変動であるので系統変動である．原因がわかっているが経済的，技術的制約から許容された変動である．後者の変動は，リカバーするという目的をもつ介入行為による変動で

ある．ただし，リカバリー行為（調節）はそのタイミングも調節量
も標準化されている．すなわち，ここでの系統変動の大きさは標準
化によって抑えられる．この系統変動に加工要素に起因する偶然変
動が加わり複合分布が構成される．偶然変動の大きさによって，標
準化する調節のタイミングも調節量も決まってくる．

　偶然変動の大きさが Capability である．しかし，下流への保
証は系統変動を含めた工程の全変動である．それが Performance
である．ここに，上記の位置度と同様に"Capability に裏打ち
された Performance"という工程能力情報の二面性という発想
が生まれる．前述したように，Kotz and Lovelace (1998) は
Capability を評価する際，系統変動は取り除くべきであると述べ
ている．本書もその立場をとる．加えて，本書では，Capability
と Performance を明確に差別化する．

　幾何特性のように保証特性が複合特性の場合，その複合特性をつ
くり込む技術特性は，複合特性のデータを生成する過程でモニタリ
ングされていることが一般的である．したがって，複合特性の分解
は，幾何特性値の生成過程をさかのぼることによって可能である．
幾何特性に代表される複合特性の技術特性への分解について 2.3 で
解説する．

　一方，傾向変化を示す工程のように，保証特性の全変動が系統変
動と偶然変動からなる複合分布の場合，系統変動と偶然変動を分解
することによって，Capability と Performance の差別化を行う．
そのための方法は，系統変動の構造や系統変動をリカバーするため
の介入方法による．複合分布の分解について 2.4 で解説する．

(2.3) 保証特性が幾何特性の工程の Capability と Performance

2.3.1 幾何特性とその二面性

JIS B 0021:1998 をはじめとして，幾何特性に関する規格の注目度が加速している．特に，対海外へは従来の寸法特性だけの図面情報では設計者の意図が製造に伝わらないケースもある．幾何偏差を測定できる 3D 測定技術の発展もあり，幾何特性を用いた図面指示が重要になっている．

JIS B 0021:1998 では幾何特性の種類を，平面度に代表される形状偏差，直角度に代表される姿勢偏差，1.1.3 で述べた位置度に代表される位置偏差，及び振れとしている．例えば，平面度が図面に指示されていない場合，複数の部品を組み立てる場合，平面の凹凸によって組立に問題が生じる場合がある．寸法特性では問題がなくても，各部品の三次元での立体的な幾何特性の情報が必要となる．すなわち，幾何特性は下流に対する保証特性となる．

小川（2020）は幾何特性をもつ工程の工程解析について，工程能力情報の二面性に資する解説を与えている．上記のように，幾何特性は下流への保証特性であるが，幾何特性の情報だけから工程解析に資する情報は得られない．位置度における図 1.1 と図 1.2 が典型的な例である．位置度の式(1.3)からわかるように，幾何特性は複合特性である．幾何特性には位置や方向に関する情報がない．幾何特性として示されるデータには，平面度であれば，どのような凹凸の平面であるか，直角度であれば，どちらの方向へどの程度傾い

ているかといった情報が失われている．しかし，幾何特性は位置や
方向の情報をもった特性から構成される．与えられた幾何特性をつ
くり込むのは，いわゆる 1 次要因（位置度であれば，X 軸と Y 軸
の座標）の技術特性である．小川（2020）は，幾何特性自体を調節
や制御によって補正することは想定しにくいと述べている．すなわ
ち，複合特性である幾何特性のばらつきが問題になったとき，技術
特性を把握しておかないと幾何特性の工程解析は難しい．本書でい
う技術特性への分解が工程解析に必要なことは，ISO/TR 22514-9:
2023 にも示されている．

　位置度の場合は，そのプロセスのしくみから複合特性をつくり込
む技術特性を X 軸と Y 軸の座標値として把握できる．しかし，平
面度のような形状偏差の場合，位置度のように複合特性をつくり
込む技術特性のデータを，工程の要因から直接把握することは難し
い．複合特性のデータのばらつきを解析的に分解することによっ
て，複合特性をつくり込んでいる要因を追究する必要がある．その
解析はまさに複合特性の要因解析につながるが，基本的には複合特
性のばらつきの分解である．このように，データ解析によって得ら
れ，技術要素に対応した特性を，圓川，宮川（1992）に倣い解析
特性と呼ぶこととする．

　以下に，保証特性である幾何特性をつくり込む技術特性がプロセ
スから直接把握できる位置度の例（2.3.2）と，技術特性を解析特
性から求める平面度の例（2.3.3）を述べる．

2.3.2　位置度における Capability と Performance

本項では1.3.3で述べた位置度の事例を再度取りあげ，伊崎他（2002）を参考に，保証特性である位置度をつくり込む技術特性について解説する．対象とする加工は，図2.2のハウジングのギヤ組み付け穴部である．工程は図2.3に示すように，X軸方向に回転させながら，10ステーションで順次，穴あけ，切削，タップなどの加工を行うトランスファーラインである．ハウジングに要求される保証特性は穴の位置度 D［式(1.3)参照］であり，規格上限は0.1（単位省略）である．工程能力調査のため，サンプルサイズ50から位置度 D のヒストグラム（図2.4）と平均値と標準偏差がそれぞれ $\bar{D} = 0.041$，$s_D = 0.0124$ を得た．

この工程の要素から位置度のばらつきの原因を考えたとき，

1)　穴加工と同時加工の欠円部切削による刃具の逃げ

2)　治具の固定位置やチャッキング時のばらつき

3)　ターンテーブルの停止位置（X軸方向）のばらつき

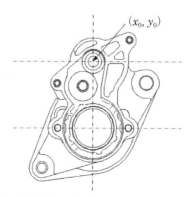

図2.2　対象部品と位置度の目標値［伊崎他（2002）をもとに著者が加筆］

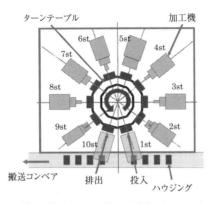

図 2.3　対象部品の加工工程の概略図［伊崎他（2002）］

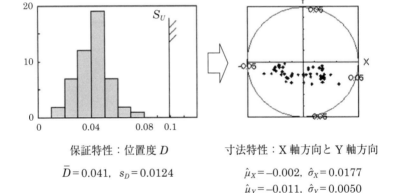

保証特性：位置度 D　　　　　　寸法特性：X 軸方向と Y 軸方向

$\bar{D}=0.041$, $s_D=0.0124$　　　　$\hat{\mu}_X=-0.002$, $\hat{\sigma}_X=0.0177$

　　　　　　　　　　　　　　　　$\hat{\mu}_Y=-0.011$, $\hat{\sigma}_Y=0.0050$

図 2.4　保証特性から技術特性への分解
［伊崎他（2002）をもとに筆者が作成］

があげられる．要因系統図で表示するならば，これらは，保証特性
である位置度の1次要因にあたる．本書が提案する，2.2 で述べた
Capability に資する技術特性の要因として，上記の 1)〜3) が考え
られる．

　位置度のデータを X 軸方向と Y 軸方向の寸法特性に分解する.
1)〜3) を表す技術特性を X 軸, Y 軸の寸法特性で計量できる. そ
れぞれの軸方向での平均値と標準偏差は,

$$\hat{\mu}_X = -0.002, \ \hat{\sigma}_X = 0.0177,$$
$$\hat{\mu}_Y = -0.011, \ \hat{\sigma}_Y = 0.0050$$

であった（図 2.4 参照）. 明らかに X 軸方向のばらつきが大きい.
上記 3) の要因である X 軸方向の寸法特性が, 位置度のばらつきを
つくり込んでいることが確認できる.

　したがって, この工程の Capability は, ばらつきが大きい X 軸
方向の寸法特性から, その測度を $6\sigma_X$ として

$$0.0177 \times 6 = 0.1062$$

となる. 一方, Performance は保証特性である位置度 D の平均値
と標準偏差から, その測度を $\bar{D} + 3s_D$ として

$$0.041 + 0.0124 \times 3 = 0.0782$$

となる. 位置度の規格上限は 0.1 であるので, Performance は十
分に満足できる. 一方, X 軸方向の寸法特性の工程内規格の幅が
0.1 であるとするならば, Capability は満足できるとは言えない.
この工程の Performance は Capability によって裏打ちされたもの
とは言えない.

　この事例では測定基準と加工基準が一致しているので, 技術情報
である X 軸, Y 軸方向の座標を素データとして得ることができた.
しかし, 次の 2.3.3 で紹介する平面度の場合は, 技術特性を素デー
タから直接得ることができない. 2.3.1 で述べたように, 技術特性
を解析特性として求める必要がある.

2.3.3 平面度における Capability と Performance

　平面度の定義は，平面形体の幾何学的に正しい平面からの狂い
の大きさである（JIS B 0621:1984）．X 軸と Y 軸の測定点におけ
る Z 軸（凹凸方向）のデータから，幾何学的に正しい平面（x–y 平
面）として最小二乗法で平面を求め，その平面と平行な，凹み方向
である Z 軸方向データの最大値を通る平面と最小値を通る平面と
の間隔が平面度である．位置度と同様に平面度も保証特性であり，
Performance を評価する特性となる．しかし，算出した幾何学的
平面から保証情報を構成できても技術情報は乏しい．どの方向にど
の程度のゆがみがあるかなどの平面形状はわからない．

　機械設備の土台底面を想定し，平面度のばらつきをつくり込む特
性を解析特性として求めた数値例を示す．図 2.5 は対象とする機械
の底面である．底面であることから，後工程における加工基準にも
なり，その平面度には厳しい精度が要求される．具体的には，底面
のゆがみなどの管理が必要となる．平面からの逸脱の原因として
は，材料のゆがみ，材料の肉厚，治具の傾向，治具への取り付け，
加工機の精度などが考えられる．いずれにしても，これらの原因に

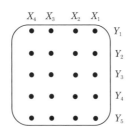

図 2.5　機械設備の土台底面の測定点

よって底面に傾斜やゆがみの平面形状が生じる. これらの平面形状のパターンを解析特性として捉える.

図 2.5 は X 軸方向, Y 軸方向での測定点 20 点を示している. X 軸方向 (X_1, $\cdots$, X_4), 及び, Y 軸方向 (Y_1, $\cdots$, Y_5) の測定間隔は等しい. 素データは座標 (X_1, Y_1) での Z 軸方向（凹凸方向）を基準とした (X_i, Y_j) ($i = 1$, $\cdots$, 4 ; $j = 1$, $\cdots$, 5) における Z 軸方向の凹み量（凹み量を正とする. 附録 4 の表 A.1 参照）であり, サンプルサイズは 31 である. 平面形状（傾斜やゆがみ）をつくり込む技術特性と対応する特性を抽出するためには工程解析に相当する解析が不可欠である. その一例として, 直交対比による解析特性の抽出を紹介する（附録 4 参照）.

理想的には平面であるはずの底面が, どの方向にどの程度傾斜あるいはゆがんでいるかを, 直交多項式によって計量する. 刃具の切削パスは Y 軸方向である. 平面上に平面形状を計量する多項式が高次になるとは考えにくい. そこで, 刃具の切削パスによる加工精度に対応する技術特性として Y 軸方向の平面形状を, X 軸の水準ごとの Y 軸方向の 2 次多項式として解析する. 平面形状のゆがみとして, X 軸方向と Y 軸方向の交互作用を調べたいからである.

以下に, 対比による解析結果を示す. 表 2.1 は幾何特性の平面度と上記三つの平面形状のばらつき成分の平均値と標準偏差を示す. 表 2.1 から次の情報が得られる.

1) X 軸方向と Y 軸方向の交互作用に関して, X_1 における Y 軸方向の 1 次成分と X_4 における同成分の差が大きい.

2) X_3 における Y 軸方向の 2 次成分の平均値, 標準偏差がとも

表 2.1　各対比成分の平均と標準偏差

	Y 軸 1 次成分				Y 軸 2 次成分			
	X_1	X_2	X_3	X_4	X_1	X_2	X_3	X_4
平　　均	0.0068	0.0051	−0.0030	−0.0089	0.0016	−0.0003	−0.0060	0.0005
標準偏差	0.0047	0.0035	0.0032	0.0031	0.0042	0.0047	0.0064	0.0036

に大きい.

1) の結果をサンプルにさかのぼって解析する. X_1 における Y 軸方向の 1 次成分と X_4 における同成分の散布図を図 2.6 に示す. 相関係数は −0.721 である. 図 2.6 の散布図から, Y 軸方向の 1 次成分の X 軸方向へのゆがみ (Y 軸 1 次成分と X 軸方向との交互作用) が顕著である. そこで, 解析特性として,

1)　Y 軸 1 次成分の X 軸方向へのゆがみ

　　(X_1 の Y 軸 1 次成分 − X_4 の Y 軸 1 次成分)

2)　X_3 の Y 軸 2 次成分

の二つを取りあげる.

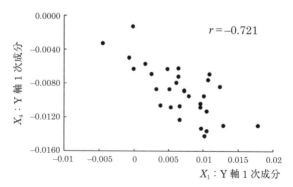

図 2.6　Y 軸 1 次成分の散布図

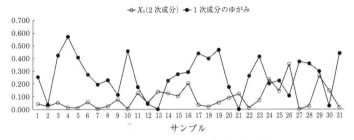

図 2.7 平面形状のゆがみ成分の寄与率

図 2.7 は上記の解析特性のサンプルごとの寄与率を示す. ここ
で, サンプルごとの寄与率とは, 20 測定点における素データの総
平方和(自由度 19)に対する, 各解析特性の平方和(自由度 1)
の比率である. 図 2.7 は, 平面形状のばらつきをつくり込んでいる
のは, 1)の 1 次成分のゆがみであることを示唆している. 図 2.8
には, それぞれの成分と幾何特性である平面度との散布図と相関係
数を示す. 相関係数がたかだか 0.458 であることから, 幾何特性で
ある平面度が平面形状の情報を十分にもっているわけではない.

図 2.9 には, x–y 平面の 20 ポイントの測定点における凹み値の

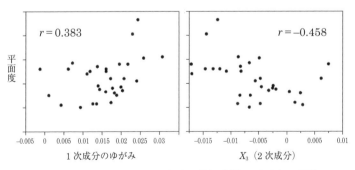

図 2.8 平面形状のゆがみ成分と幾何特性の平面度の関係

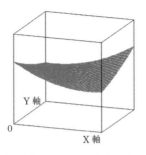

図 2.9　平面形状のゆがみ

平均値から求めた応答曲面を示す．平面形状のねじれが可視化できる．

　以上の解析から，Capability に資する情報として，

1)　Y 軸 1 次成分の X 軸方向へのゆがみ：$\hat{\mu} = 0.0157, \hat{\sigma} = 0.0072$

2)　X_3 の Y 軸 2 次成分：$\hat{\mu} = -0.0060, \hat{\sigma} = 0.0064$

を得る．ただし，上記の解析特性に対して工程内規格を決める必要がある．また，Performance に資する情報として，幾何特性である平面度の平均値 0.00642 と標準偏差 0.00169 を得た．

2.3.4　複雑な形状偏差の Capability と Performance

　平面度よりさらに複雑な形状偏差として真円度があげられる．真円度は円形形体の幾何学的に正しい円からの狂いの大きさと定義されている（JIS B 0621:1984）．真円度の計量方法は，例えば，幾何学的に正しい円を最小二乗法で求めた平均円とし，その円と同心円となる，半径の最小値をとる円と最大値をとる円との半径の差である．まさに総合特性であり，下流工程への保証特性としての情報

であることが認識できる.

　平面度と同様に, 真円度には真円からのずれ方の情報は含まれていない. 真円からのずれ方には, ワークの傾きにより楕円形状になるケース, チャッキングの圧力により変形するケース, 加工時の振動によりビビリが発生するケースなどがある [小川 (2020)]. 計測の基準点が規定されていれば, 真円度を求める円周分 (通常は1度ごとに360個) の素データは, 位置とゆがみ量の情報をもつ. 2.3.3 での平面度の場合と同様に, 真円形状のパターンの工程解析が不可欠である. 一般に, 真円がゆがんでいる方向に, そのゆがみ度合いのばらつきも大きい. Capability に資する解析特性としては, 真円がゆがんでいる方向を限定し, 技術要素との対応がある解析特性を抽出することになる. 一方, Performance は幾何特性である真円度から求める.

2.3.5　幾何特性の階層性

　姿勢偏差のようにデータム[7]をもつ幾何特性の場合, 階層性を考慮しなければならない. 以下に, 小川 (2020) の例をあげる. 直角度はデータム平面をもつ. したがって, データム平面である平面形状が次工程で加工する直角度に影響を与えることが考えられる. しかし, 幾何特性である直角度と平面度には相関が現れなかった (相関係数 $r = 0.0175$). そこで, 直角度を技術特性である X 座標と Y 座標に分解したうえで, 改めて平面度との相関を調べたなら

---

[7]　データムとは, 関連形体に幾何公差を指示するときに, その公差域を規制するために設定した理論的に正しい幾何学的基準である (JIS B 0022: 1984).

ば，Y座標と平面度に高い相関（$r = 0.7194$）がみられた．この例の場合，平面度の偏差が，直角度のY方向に影響を与えていることが想定される．

データム平面でない場合でも，加工基準となる平面形状には保証特性を超えた精度が要求されるケースがある．このとき，必要とされる情報は，幾何特性による Performance ではなく Capability である．

2.4 系統変動を含む工程の Capability と Performance

2.4.1 工程の変動がもつ二面性

設備集約型の工程の場合，図1.3の傾向変化に代表される系統変動が多かれ少なかれ存在する．本節では，改めて系統変動を定義し，いくつかの系統変動のパターンを想定したうえで Capability と Performance について解説する．

これまで本書では系統変動を"起こるべくして起きた変動"と説明してきた．工具の摩耗による傾向変化は時間的な意味で必然的に起こる変動である．また，半導体ウェハの測定点間による膜厚のくせは空間的な意味で必然的に起こる変動である．そこで，系統変動をより一般的に説明できる表現として，本書では系統変動を"位置あるいは時間に依存した必然的な変動"と定義する．

許容する系統変動が時系列な変化であるならば，その系統変動をリカバーするために，調節など要因に意図した介入を行う必要がある．2.4.2でこのケースを取りあげる．一方，リカバリー行為に時

間とコストがかかる場合，系統変動を許容するのではなく，工程
を常に目標値に保つため制御する（加工条件を変える）ケースが
ある．2.4.3 でこのケースを取りあげる．ここで，系統変動をリカ
バーする行為である調節も加工条件を変える制御も標準化されてい
ることが前提となる．

　許容する系統変動が位置に依存する場合，バイアス（偏り）とし
て現れる．これをバイアス系統変動と呼ぶこととする．バイアス系
統変動は可能な限り，初期流動期までに低減しておくべきである．
しかし，本流動期に移行しても，技術的あるいは経済的制約から許
容せざるを得ないケースがある．ただし，その変動が管理状態を示
すことが前提となる．2.4.4 でこのケースを取りあげる．

　本書では，以上のように系統変動のパターンを分類し，系統変動
を偶然変動と差別化する．偶然変動とは，"その変動が統計的に求
められた限界内であることが予測できる（JIS Z 8101-2:2015）"変
動であり，個々の値は予測できない．しかし，工程が管理状態にあ
るならばばらつきの大きさは予測できる．個々の値が予測できな
いので介入行為によって削減することはできない．"あきらめた変
動"である．偶然変動への介入行為はハンティング現象を起こし，
ばらつきの増加を招く［例えば，宮川（2000）］．一方，系統変動も
許容する範囲内では"あきらめた変動"である．ただし，偶然変動
とは異なり，経済的に折り合う限りにおいて，その変動へのリカバ
リー行為が標準化されている．標準化によって決まる系統変動に，
工程が管理状態であるならば，ばらつきの大きさを維持した偶然変
動が加わり，式(2.1)の工程の全変動を構成する．

$$工程の全変動＝系統変動＋偶然変動 \qquad (2.1)$$

である．

　Kotz and Lovelace（1998）は系統変動を意味する "systematic variability" を "variability due to systematic assignable cause" と定義し，Capability を評価する際，系統変動は取り除くべきであると述べている．しかし，後工程への保証は工程の全変動によって行わなければならない．ここに，工程の変動に対する二面性が存在する．本書では，偶然変動に対応する変動で構成される技術情報を Capability とし，系統変動に偶然変動を加えた工程の全変動を Performance とする．二面性を認識したうえで，Capability に裏打ちされた Performance によってプロセスの質保証を構成する．

　木暮（1975）は系統変動を考慮した工程能力を次のように定義している．"工程能力とは，所定の手続きにより，一定期間継続が期待される安定状態の工程において，経済的ないしその他の特定条件の許容範囲内で，到達し得る工程の達成能力の上限をいい，それは工程でつくり出される結果の特定の特性で示される．ここにいう安定状態は広義のもので，その存在が経済的に許容され，結果の予測を乱さないような，わけのある原因を含むことがある．（下線は筆者が加筆）"下線部が本書でいうところの許容した系統変動に相当する．また，"その存在が経済的に許容され" という要件は，1.1.4 や次の 2.4.2 における設備の摩耗による傾向変化を想定したものである．"ここにいう安定状態は広義のもので" と "結果の予測を乱さないような" とあるのは，系統変動が管理状態であることを要件とするものである．すなわち，木暮（1975）は，系統変動

が管理状態のもとで，系統変動を Capability に含めている．本書では，Kotz and Lovelace（1998）の立場をとり，管理状態にあるなしにかかわらず，系統変動は Capability に含めない．系統変動を含む工程の全変動を Performance と定義し，偶然変動から構成される Capability との差別化を提案する．

2.4.2　系統変動を許容する場合

　系統変動を許容する工程の代表例は，1.1.4 でも取りあげた工具が摩耗することによる傾向変化である．時間に依存した必然的変動であり，上昇あるいは下降の一方向への変動である．金属加工工程では傾向変化をもつケースが多い．この場合，要因に介入することによってリカバーするための行為が伴う．前者が，要因が変わることによる系統変動であり，後者が要因を変えることによる系統変動である．後者は調節あるいはメンテナンスである．調節が操作変数によるリカバリー行為であるのに対して，メンテナンスは設備の消耗部品の交換による予防保全を意味する．2.4.1 で示したように，要因への介入は標準化されている．1.1.4 の例における介入行為は，定時の調節（20 個ごとの工具のドレッシング）であったが，限界値を定めた調節の場合もある．このとき，どのタイミングで調節を行うか，すなわち調節限界の設定は，工程内規格値と Capability による方法が一般的である．調節限界については 3.2.4 で触れる．

　傾向変化の場合，工程の全変動が系統変動と偶然変動によって構成されていることを図 2.10 に概念図として示す．ここで，全変動が Performance であり，偶然変動が Capability である．傾向変化

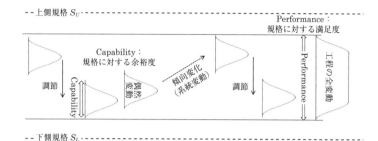

図 2.10 傾向変化による系統変動と偶然変動によって
構成される工程の全変動（概念図）

をもつ工程の場合，Performance は規格に対する満足度を表す．
ここで，偶然変動が小さい，すなわち，Capability が高いならば，
許容する系統変動を大きく設定でき，コスト削減につながる．この
場合 Capability は規格に対する余裕度を表すと考えてよい．

　傾向変化をもつ系統変動を許容する場合，工程平均が時間的に変
化することから，例えば，R 管理図から式(1.1)によって Capabil-
ity を計量することは適切ではない場合もある．Pearn and Kotz
(2006) では，一つの章（Chapter 14: Process Capability Assess-
ment with Tool Wear）を費やして傾向変化をもつ工程の Capabil-
ity に関する文献レビューを行っている．そこでは，傾向変化をも
つ系統変動から偶然変動を分離する方法が紹介されている．紹介さ
れている方法は，基本的には傾向変化の統計モデルを求め，その残
差を偶然変動とするものである．傾向変化を 1 次自己回帰モデル
[Montgomery (2013)]，あるいは，回帰モデル [Long and De Coste
(1988)，安井他 (2013)] などによってモデル構築する方法が提案
されている．また，一般的な方法として，連続するデータの差分

から偶然変動の標準偏差を求める方法が紹介されている．この方法は，大須賀（1962）にも紹介されている．本書では，傾向変化をEWMA（Exponentially Weighted Moving Average）でモデル化し，その残差を偶然変動とすることによって，全変動から系統変動を削除する数値例を示す．

数値例とした傾向変化のモデルを図2.11 a) に示す．これに $N(0, 0.1^2)$ の正規乱数を加えたデータを生成［図2.11 b)］する．図2.11 c) には EWMA の残差を示す．y_t を t 時点のデータ，$\hat{y}_t$ を EWMA による t 時点の予測値とすると，EWMA の残差 e_t は

$$e_t = y_t - \hat{y}_t$$
$$\hat{y}_t = \lambda y_{t-1} + (1-\lambda)\hat{y}_{t-1} \quad (t = 2, \cdots), \ \hat{y}_1 = y_1$$

となる．ここで，最小二乗法で求めた λ は 0.55 である．EWMA の残差［図2.11 c)］から偶然変動の標準偏差の推定値を求めると 0.110 となる．また，図2.11 b) に示したデータの標準偏差（全変動）は 0.344 である．したがって，Performance に資する変動は全変動である 0.344，Capability に資する変動は偶然変動である 0.110 となる．

EWMA の代わりに，前述した差分を用い，差分から偶然変動を推定すると 0.127 となる．EWMA の残差から求めた推定値と大差はないが，差分は負の 1 次の自己相関をもつので，EWMA の残差のほうが適している．EWMA は差分に加えて 1 次の自己相関を考慮したモデルとなっている．

また，調節の頻度が多い工程であり，調節自体の能力評価も必要であれば，調節前後のデータの差である調節量のばらつきを調節の

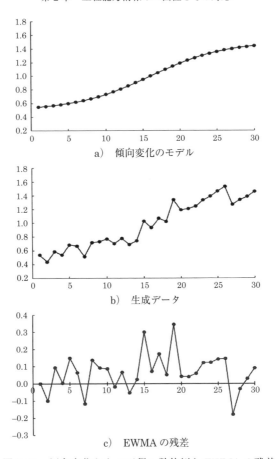

a)　傾向変化のモデル

b)　生成データ

c)　EWMA の残差

図 2.11　傾向変化をもつ工程の数値例と EWMA の残差

Capability とした評価を加えることも考えられる.

2.4.3　系統変動を許容しない場合

2.4.2 は系統変動を許容したうえで調節によるリカバリーを行う

ケースであった．一方，リカバリーにコストや時間を費やす場合も
ある．典型的な例がメンテナンスである．メンテナンスは工程を
止めて行うリカバリー行為である．このようなケースでは，条件の
変更を容易に行うことができるパラメータ（操作変数）があるなら
ば，系統変動を許容するのではなく，フィードバック制御によって
対応することが考えられる．

　本書では，フィードバック制御の一つである，操作変数による比
例制御の例を取りあげる．比例制御における操作変数 w と特性 y
との関係式を

$$y = a + bw \tag{2.2}$$

とする．フィードバック制御を伴う特性（時点 t の特性値を y_t と
する）のモデルは

$$y_t = y_0 + d_t - \hat{d}_t + \varepsilon_t \tag{2.3}$$

となる．y_0 は目標値であり，d_t は時点 t のドリフト量である．$\hat{d}_t$ は
その予測量であり，時点 t でのフィードバック制御による制御量で
ある．ε_t は時点 t での偶然誤差である．

　式(2.3)の y_t の変動が工程の全変動であり Performance に資する
変動である．2.4.2 の許容した系統変動のリカバリーのための調節
とは異なり，式(2.3)に示すように，制御の場合は系統変動を制御
量として削除しているので Capability は Performance と同じ変動
を意味すると考えてよい．

　ただし，Capability は系統変動の予測誤差に依存する．2.4.2 と
同様に，EWMA によって系統変動であるドリフト量 d_t を予測する
と

$$\hat{d}_t = \lambda d_{t-1} + (1-\lambda)\hat{d}_{t-1} \quad (t=1, 2, \cdots), \quad \hat{d}_0 = 0 \qquad (2.4)$$

となる．比例制御式(2.2)と EWMA による予測式(2.4)から，予測誤差は

$$d_{t-1} - \hat{d}_{t-1} = \frac{\hat{d}_t - \hat{d}_{t-1}}{\lambda} = \frac{b}{\lambda}(w_t - w_{t-1}) \qquad (2.5)$$

となる．ここで注意すべきは，予測誤差は比例制御のパラメータである式(2.2)の b に依存することである．Capability は工程が管理状態であることを前提とすることから，式(2.5)は制御システムが管理状態であること，すなわち，式(2.2)に示した操作変数 w と特性 y との関係が安定していることを条件とする．このことは，第3章における管理図の管理特性の選定に関係してくる．また，EWMA のパラメータ λ は割引係数の役割をもっている［Montgomery (2013)］．

　半導体ウェハ工程における減圧 CVD 工程（以下，CVD 工程）の例［Kawamura et al. (2008b)］を用い，フィードバック制御をもつ工程の工程能力情報について説明する．CVD 工程は炉心管内にガスを流すことによりウェハ表面で化学反応を起こし，多結晶シリコン膜を成長させる工程である．ヒーターによって炉心管内の温度調節をしており，温度調節は供給されたガスとの化学反応を促進する役割を担っている．しかし，副生成物が炉心管に付着し，炉内温度をバッチ間で一定に保つことが難しいことから，膜厚のバッチ間変動が生じる．原因は副生成物の炉心管への付着である．この現象は不可避であることから，膜厚のバッチ間変動は系統変動である．

　系統変動への対応の一つは定期的に炉心管の交換を行うメンテナ

ンスである．メンテナンスは予防保全のためのリカバリー行為である．リカバリー行為という意味では 2.4.2 の調節に相当する．ただし，炉心管交換はラインを停止して行う行為であることから，メンテナンス頻度を極力減らしたい点が調節とは異なる．炉心管の交換ではなく，副生成物を除く行為（いわゆる掃除）を行う場合もあるが，この行為もラインを停止させて行うことになる．そこで，CVD 工程では，メンテナンスに加えてフィードバック制御によって系統変動の低減を行っている．

　図 2.12 a) に系統変動を含んだ CVD 工程の全変動を示す．図 2.12 a) の横軸はバッチ，縦軸は膜厚の平均値[8]である．CVD 工程では，成膜時間を操作変数 w とした比例制御によるフィードバック制御が行われている．制御を施した膜厚の挙動（シミュレーションによる）を図 2.12 b) に示す．図 2.12 a) に対して，図 2.12 b) はフィードバック制御によって系統変動が除かれたものとなる．

　図 2.12 a) の制御なしのデータに対して，制御を施した図 2.12 b) のデータの目標値からの平均二乗誤差は，図 2.12 a) のそれに対して約 1/4 になった［Kawamura et al.(2008b)］．図 2.12 b) の変動は，系統変動が制御によって削除されているので，Performance であり，また，Capability でもある．ただし，Capability の計量は当該のフィードバック制御が管理状態であることが前提となる．

---

[8]　バッチ内の各処理位置に挿入されたリファレンスウェハの決められた複数の測定点での膜厚の平均値である（例えば，図 2.13）.

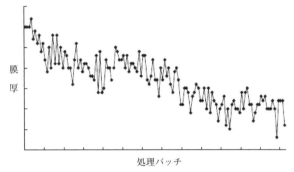

a)　系統変動を含んだ CVD 工程の膜厚の変動

〔Kawamura et al.(2008b)〕

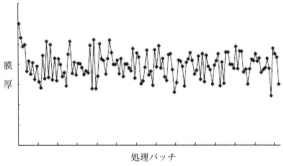

b)　系統変動の削除後の変動

〔Kawamura et al.(2008b)〕

図 2.12　フィードバック制御による系統変動の削除

2.4.4　バイアス系統変動を許容した工程

　バイアス系統変動の一つは，処理バッチ内でのバイアスである．この場合，処理バッチ間で対応をもつデータであり，共通の処理であることから，バッチ内データは相関をもつ．数値例として半導体ウェハの製造工程を想定する．1 枚のウェハ（処理バッチ）内の位

置によって生成される膜厚の分布が異なる．ウェハ（処理バッチ）間で対応をもつデータとは，ウェハ内の位置（測定点）に対応があることを意味する．位置を変数，ウェハをサンプルとした多変量データの形式となる．例えば，図 2.13 のように，中央部と端という位置に対応があり，バイアスとは中央部と端で膜厚の分布が異なることである．中央部と端部の各 1 か所の膜厚の分布を全変動としたならば多峰分布となる．

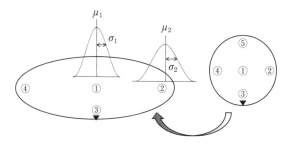

図 2.13 半導体ウェハの製造工程における膜厚の測定点

時点（バッチ）t $(t=1, \cdots, T)$, 測定点 i $(i=1, \cdots, I)$ でのデータを y_{it} とし，その母平均を μ_i, 偶然誤差を ε_{it} とするならば，膜厚のデータ y_{it} は

$$y_{it} = \mu_i + \varepsilon_{it} \quad \mathrm{Var}(\varepsilon_{it}) = \sigma_i^2 \quad (i=1, \cdots, I) \tag{2.6}$$

と表すことができる．図 2.13 では $I=5$ である．この場合，許容した系統変動である μ_i の変動を含めた多峰分布の全変動 s_T ［式 (2.7)］が，Performance に資する変動である．

$$s_T = \sqrt{\sum_{i=1}^{I}\sum_{t=1}^{T}\frac{(y_{it}-\overline{\overline{y}})^2}{IT}} \quad ここで, \ \overline{\overline{y}} = \frac{\sum_{i=1}^{I}\sum_{t=1}^{T} y_{it}}{IT} \tag{2.7}$$

　一方，Capability に資する変動は，ウェハ（バッチ）内変動から，許容した系統変動を削除した変動からなる．この場合，σ_i^2 が最大となる測定点 M でのばらつき $\hat{\sigma}_M$

$$\hat{\sigma}_M = \sqrt{\sum_{t=1}^{T}\frac{(y_{Mt}-\overline{y}_M)^2}{T-1}} \quad ここで, \ \overline{y}_M = \frac{\sum_{t=1}^{T} y_{Mt}}{T} \tag{2.8}$$

が Capability に資する変動となる．最大となる位置のばらつきを Capability として用いることは工程能力評価に対する保守的な意味をもつ．

　前述した半導体ウェハの製造工程を想定し，膜厚を特性とした数値例で Capability と Performance を示す．図 2.14 に各測定点での膜厚のヒストグラムを示す．測定点は 5 か所（①から⑤；図 2.13 参照），サンプルサイズは 45 である．ウェハ面には基準となるノッ

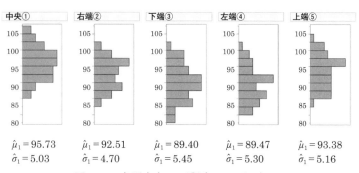

図 2.14　各測定点での膜厚のヒストグラム

チがあり，したがって測定点はウェハ間で対応がある．測定点に
よって分布が異なり，バイアス系統変動の存在が確認できる．一般
には中央部の膜厚が厚くなる傾向にある．図 2.15 には，系統変動
を含めた 45×5 の全データのヒストグラムを示す．図 2.16 に測定
点間の散布図を示す．互いに高い正の相関を示している．

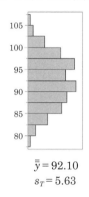

$$\bar{\bar{y}} = 92.10$$
$$s_T = 5.63$$

図 2.15　ウェハ内の全変動のヒストグラム

　式(2.8)に示したように，ばらつきが最大の測定点の標準偏差を
Capability とすることにより，図 2.14 から Capability に資する標
準偏差は特定点③の 5.45 である．図 2.16 に示した測定点間の高い
相関は，特定の測定点が全体の変動を代表できることを示してい
る．一方，Performance に資する標準偏差は，式(2.7)から 5.63 で
ある（図 2.15 参照）．ただし，このとき系統変動であるバイアスが
安定していることが前提となり，このことは工程の管理状態につな
がる条件となる．ウェハ間のばらつきと同時にウェハ内の相関構造
の維持管理が重要となる．このとき，管理特性として何を選定すべ
きかについては 3.3.6 で触れる．

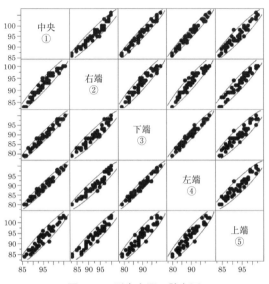

図 2.16　測定点間の散布図

　一方，許容したバイアス系統変動として，処理バッチ間のバイア
スがあげられる．バイアスをもつ分布を構成するデータに対応が
ないことが前者のウェハの膜厚の場合と異なる．この例には，意
図（標準化）した行為による系統変動として，品種切替やメンテナ
ンスがある．品質保証の関係から，また，メンテナンスの場合は工
程を刷新していることから，それぞれ品種ごとに，また，メンテナ
ンスごとに層別して Capability と Performance を把握すべきであ
る．意図しない変動として，装置間や装置内のチャンバー間のバイ
アスがある．いわゆる，設備のくせである．この場合も，装置別あ
るいはチャンバー別に層別した対応がとられる．

2.5 Capability と Performance の指数

指数とは，何らかの基準値に基づいた比率の値である．Capability と Performance の指数の基準値は規格幅であり，比較対象は Capability であり Performance である．工程能力（本書では Capability）と工程能力指数（本書では capability index）は異なる．比較基準が規格幅であるので，指数としては

$$\frac{\text{Capability（あるいは Performance）}}{\text{規格幅}}$$

を使うのが通常だが，"値が大きいほうがよい"という慣わしからか［Kotz and Lovelace（1998）］，その逆数である

$$\frac{\text{規格幅}}{\text{Capability（あるいは Performance）}}$$

を Capability と Performance の指数として用いる．以後，capability index と performance index をそれぞれ C_p, P_p と記す．JIS Z 8101-2:2015 では，前者が工程能力指数であり，後者がプロセスパフォーマンス指数である．これらを総称する場合は PCIs（Process Capability Indices の略記）と記す．

2.5.1 ISO における PCIs の定義

我が国では PCIs を式(1.1)，式(1.2)から

$$\hat{C}_p = \frac{S_U - S_L}{6\hat{\sigma}} \tag{2.9}$$

$$P_p = \frac{S_U - S_L}{6s} \tag{2.10}$$

と求めることはよく知られている[9]．一方，ISO (ISO 3534-2:2006
／JIS Z 8101-2:2015) では，PCIs を

$$\hat{C}_p = \frac{S_U - S_L}{X_{0.99865} - X_{0.00135}} \tag{2.11}$$

$$P_p = \frac{S_U - S_L}{X_{0.99865} - X_{0.00135}} \tag{2.12}$$

と定義している．ここで，X_α は α パーセント点を意味する．また，
S_U と S_L はそれぞれ規格上限と規格下限を示す．Capability は再
現性と予測性を要求されることから，母集団を想定できる状況が前
提となる．したがって，母集団のパラメータの推定量から構成さ
れる式(2.9)と式(2.11)は，C_p の推定量を意味することからハット
(ˆ) を付記した．ISO/JIS の関連規格にはハットはない．1.1.2 で
述べたように，Performance は必ずしも管理状態であることが立
証されていない工程の統計的尺度であるので，P_p は記述統計量を
意味するとし，式(2.10)と式(2.12)ではハットを付記していない．
式(2.11)と式(2.12)の分母にパーセント点が使われているのは，管
理状態での分布が非正規分布となるケースを想定しているからであ
る．ISO 3534-2:2006 の NOTE には，正規分布のときには式(2.9)
となることが付記されている．
　しかし，ISO の定義には，次のような問題点がある．

---

[9]　2.1 には偏りを考慮した工程能力指数（C_{pk}）について触れたが，ここでは
　　PCIs の考え方のみを記述することから，C_{pk} については触れない．

1)　式(2.11)分母の Capability をパーセント点から推定することの妥当性

2)　P_p を式(2.12)によって求めることの妥当性

3)　式(2.12)の P_p を記述統計量と考えるか，推測統計量と考えるか.

問題点 1) に関して，パーセント点の推定，及びパーセント点によって Capability を計量する方法は本質的に問題がある.

ISO 22514-4:2016 では，非正規分布のときに極値分布を仮定し，確率プロットによってパーセント点を推定する方法と Annex B に informative（参考）として Clements の方法［Clements (1989)］が紹介されている．しかし，分布の裾の部分の推定精度には，仮定する分布の妥当性とサンプルサイズの壁がある(より詳しくは 2.5.3 参照).

また，分布の裾の情報から Capability を求める式(2.11)は，分布形の違いによる Capability の違いを適切に表現できない．その例を以下に示す．図 2.17 は 1979 年 4 月 17 日に朝日新聞に掲載さ

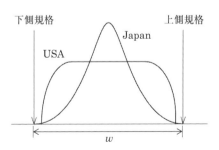

図 2.17　カラーテレビのある特性の分布
（朝日新聞，1979-4-17）

れた記事の一部である．この記事は当時の米国 Sony の副社長によるものである．カラーテレビのある特性の分布を二つ示している．一つが Sony の日本の工場のデータであり，もう一つが Sony の San Diego の工場のデータである．規格幅は w である．日本の工場の分布を正規分布，San Diego の工場の分布を一様分布とするならば，それぞれの分布の標準偏差 σ_J, σ_S は

$$\sigma_J = \frac{w}{6}, \quad \sigma_S = \frac{w}{2\sqrt{3}}$$

となり［Taguchi (1993)］，日本の工場のほうが San Diego の工場よりばらつきが小さい．記事は，米国市場が made in Japan の品質が良いと判断する理由が，分布のばらつきが日本の工場のほうが小さいことにあると説明している．このようなばらつきの違いが起こる理由は，日本では目標値（この場合は規格の中心）をねらったものづくりをするが，San Diego の工場では，規格内のものをつくろうとすることであると説明している．すなわち，分布形が台形型になっているのは，例えば 1.1.4 のような工具の摩耗による系統変動のためではなく，規格内のものを製造すればよいという考え方に起因する偶然変動によるものである．この状況から，明らかに日本の工場の Capability のほうが San Diego の工場のそれより高い．にもかかわらず，二つの工程の C_p を ISO の定義に則り式(2.11)によって算出したならば，

日本の工場：$C_p = 1.0$，San Diego の工場 [10]：$C_p = 1.003$

---

[10] 一様分布に従っていると仮定し，Clements (1989) の方法（2.5.3 参照）によって算出した．

となり，両者の C_p の値にはほとんど差がない．式(2.11)の C_p は二つの工程の Capability の違いを適切に表すことができない．

　問題点 2) に関して，本書の主張である "Capability に裏打ちされた Performance" の認識のもとで，Performance が偶然変動に系統変動が付加された変動であることを意味するのであれば，すなわち，2.3 や 2.4 で述べたように，Capability の裏付けがあるならば，実績である Performance は分布の裾の部分の情報だけでの評価方法でもよいと考える．ただし，分布が仮定できないとき，式(2.12)の分母はデータの範囲を意味することになり，分布の裾の部分の情報を十分にもっているとは言い難い．また，例えば初期流動期などで，指数として Performance を Capability と比較したいとき，P_p は式(2.10)を用いるべきである．

　問題点 3) に関して，Performance が管理状態であることが立証されていない工程の統計的尺度であるならば，前述したように P_p は記述統計量となる．しかし，幾何特性のように複合特性である保証特性を技術特性に分解し，本書で主張する "Capability に裏打ちされた Performance" の認識のもとで，保証特性の分布を複合分布として捉えるのであれば，P_p は記述統計量ではなく，推測統計量であり，$\hat{P}_p$ と表記することになる．記述統計量か推測統計量かは，母集団が想定でき，その統計量が予測につながるか否かである．後述するが，例えば，保証特性が幾何特性のとき，P_p を棟近の方法（1986）によって求めた場合，P_p は推測統計量である．一方，初期流動期において，工程改善を進め，本流動期での工程の維持管理に至る過程では，P_p は記述統計量である．要は，P_p を予測

値として使えるか（あるいは，使うか）否かである．

　1.1.2 で述べたように，Kotz and Lovelace（1998）や Mont-gomery（2013）は，P_p が変動の予測につながらない場合，P_p を工程能力情報として利用することには否定的である．しかし，P_p はある時期の実績であるが予測につながらなかったとしても，問題点 2）で述べたように，分布の裾の評価があり，かつ，Capability によって裏打ちされたものであれば，保証という意味で工程能力情報として有用である．

2.5.2　PCIs の考え方への提案

　2.4.2 の傾向変化をもつ工程の数値例を再度取りあげる．図 2.18 は同数値例のデータ［図 2.11 b)］のヒストグラムである．2.4.2 の数値例は系統変動を許容する場合であり，図 2.11 b) は系統変動と偶然変動の複合分布である．2.4.2 で述べたように，Capability に資する標準偏差は，系統変動を取り除いた EWMA の残差から 0.110 であり，Performance に資する標準偏差は，図 2.18 の全変動から 0.344 である．

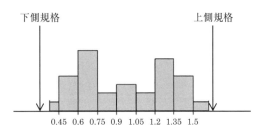

図 2.18　系統変動（傾向変動）を許容した全変動

　2.4.2 の数値例の PCIs を算出する．図 2.11 b) の特性の規格を
[0.3, 1.7] とすると，Capability の推定値が 0.110 であるので，式
(2.9) から C_p は

$$\hat{C}_p = \frac{S_U - S_L}{6 \times 0.110} = 2.121$$

となる．Performance は全変動であるので，式 (2.10) から P_p は

$$P_p = \frac{S_U - S_L}{6 \times 0.344} = 0.678$$

となる．まず，$\hat{C}_p$ が 2.121 であることは，この工程の Capability
は系統変動を許容するだけの余裕が十分にあることを示している．
一方で，P_p の 0.678 という数値は，図 2.18 から考えて明らかに
Performance の過小評価である．2.4.2 で述べたように，P_p は規格
に対する満足度を意味する．図 2.10 に示したように，許容した系
統変動のリカバリー行為である調節が標準化されているならば，
"Performance が Capability に裏打ちされている" ことから，プロ
セスの質保証は満足できるレベルにある．
　この数値例は，系統変動を許容する場合，P_p を式 (2.10) から求
めるよりも，ISO 3534-2:2006 の定義である式 (2.12) のように，分
布の裾の部分を評価する指数のほうが適している場合があることを
示唆するものである．P_p は分布の形状にかかわらず，分布の裾の
部分を評価するだけの指標であったとしても，要求される規格への
満足度は表現できる．分布の裾の評価については 2.5.3 で述べる．
もちろん，その前提には Capability の裏付けが必要である．
　次に，幾何特性に代表される複合特性の場合を考える．ここで

は，1.1.3及び2.3.2の位置度の例を取りあげる．2.3.2で示したように，このケースでのPerformanceは保証特性である位置度D式(1.3)であり，規格幅が0.1（上側規格のみ）であるので，P_pは式(2.10)の片側バージョン[11]として

$$P_p = \frac{0.1 - 0.041}{3 \times 0.0124} = 1.586$$

となる．一方，CapabilityはX軸方向とY軸方向のばらつきであり，この場合，X軸方向のばらつきのほうが大きいので，X軸方向のCapabilityから，式(2.9)から，この工程のC_pの推定値は

$$\hat{C}_p = \frac{0.1}{6 \times 0.0177} = 0.942$$

となる．1.1.3で述べたように，この事例は，Performanceを数値としては満足できるものの，Capabilityに裏打ちされたPerformanceとは言えない例である．

　幾何特性のような複合特性の場合，複合特性の分布として，ある確率分布（非正規分布）を想定したうえで指数を導出する方法がある．棟近（1986）は，加工方法や測定方法を考慮して分布形を決める主要因を見いだし，幾何特性の分布を明らかにしている［永田，棟近（2011）］．棟近の方法は，式(2.9)の$\hat{C}_p$を，正規分布を仮定した場合の不適合率とC_p値との対応が成り立つように，歪度の値から修正をする方法である．また，ISO 22514-4:2016では，歪度と尖度から式(2.11)のC_pを求めるClementsの方法（2.5.3で述

---

[11]　位置度は片側規格であるので，上側のperformance indexである$P_{pU} = (S_U - \bar{D})/(3 \times s_d)$ を算出した．

べる）が提案されている．ただし，この方法は，棟近（1986）で
注力されている，正規分布を想定した不適合品率と C_p 値との対応
は，$C_p = 1.0$ のとき（不適合品率 0.27%）以外では成立しない．

　Capability に裏打ちされたうえで複合特性の確率分布が想定で
きるとき，すなわち，複合特性の母集団が想定できるとき，P_p は
複合特性の確率分布のパラメータの推定量から構成される．した
がって，上記の棟近の方法がそうであるように，予測可能な P_p の
推定量を求めることができ，$\hat{P}_p$ の表記となる．

　一般に，複合特性の場合，Performance に資する保証特性の規
格と Capability に資する技術特性の規格は異なる．技術特性に対
する規格は，工程内規格として与えられる．その際，保証上の規
格幅に対応する技術特性の工程内規格幅を求め，QC 工程表など
への記載が必要である．特性によっては，工程内規格が明示でき
ないケースもある．しかし，Capability は技術情報であり，必ず
しも C_p として把握する必要はない．改善効果の評価の場合などは
Capability（標準偏差）のみで十分である．

2.5.3　分布の裾の評価

　PCIs 算出の問題点の一つが，式(2.11)と式(2.12)の分母のパー
セント点の導出である．2.5.1 で述べたように，ある分布を想定
した確率プロットによる方法では精度に問題がある．永田，棟
近（2011）には，特性の分布が非正規分布に従う場合の評価法の
一つとして，前述した Clements（1989）による方法が紹介され
ている．この方法は，前掲の ISO 22514-4:2016 の Annex B に

informative（参考）として掲載されている．Clements の方法は，母集団分布にピアソンシステムを想定し，歪度と尖度からパーセント点を求めるものである．この場合，母集団を想定しているので，P_p であっても推定を意味することになる．ただし，歪度や尖度を精度よく推定する必要性から，非常に大きなサンプルサイズを必要とする [12]［永田，棟近（2011）］．

2.5.2 で述べたように，能力である Capability の裏付けがあるならば，実績である Performance は分布の裾の部分の情報だけでの評価方法でよい．例えば，系統変動への対応が調節の場合（2.4.2 参照），調節の前後のデータから P_p を算出することが考えられる．Spring（1991）は，摩耗による傾向変化に対して，動的に Capability を評価する Dynamic Process Capability を提案した．動的の意味は，傾向変化によるバイアスを Capability に反映させ，時系列に Capability を評価する方法 [13] である．この考え方を本書における Performance の評価に応用するならば，調節の前後のデータ（図 2.10 参照）のみから，前後の各々で P_p を算出する方法が考えられる．

$$P_p = \min\left\{ \frac{S_U - \bar{x}}{3s}, \frac{\bar{x}' - S_L}{3s} \right\}$$

ここで，$\bar{x}$（$\bar{x}'$）は調節直前（あるいは直後）のデータの平均値，s は図 2.10 に示す分布の標準偏差である．

---

[12]　必要なサンプルサイズは分布形，C_p 値，また要求精度による．

[13]　平均が時系列に変化するので，Spring（1991）による方法では，目標値を考慮した工程能力指数［永田，棟近（2011）］が用いられている．

Performance を目視によって評価する方法として，箱ひげ図による方法が考えられる．ただし，箱ひげ図は客観的な数値（指数）としての要求には応えられていない．例えば，規格幅と箱ひげの長さの比較など，あくまで目視による判断に限定される．

(2.6) 工程能力情報の二面性の認識とその対応

　第2章では，仁科（2009）の工程能力の二面性を拡張し，工程能力情報の二面性（品質特性の二面性と工程の変動の二面性）について問題提起を行った（1.1.1）．原点回帰の意味から工程能力の議論をさかのぼると，もとより工程能力情報の二面性は認識されていたと考えられる（2.1）．

　本書では，工程能力情報の二面性への対応として，Capability と Performance の差別化を提案し，"Capability に裏打ちされた Performance" がプロセスの質保証につながることを主張した（2.2）．すなわち，幾何特性に代表される，品質特性が複合特性の場合，複合特性である保証特性と複合特性をつくり込むプロセスの要因の技術特性の二面性をそれぞれ Performance と Capability として計量化すること（2.3），また，工程平均の傾向変化に代表される系統変動の存在によって，保証特性の分布が複合分布となる場合，複合分布の従う変動（偶然変動に系統変動を含めた工程の全変動）と偶然変動のみの変動をそれぞれ Performance と Capability として計量することを主張した（2.4）．

　performance index は，Capability と Performance を差別化す

ることによって，系統変動を許容した場合，分布の裾の部分の評価だけでも十分であると考える．したがって，分布のパーセント点から求める ISO 方式で十分と言える．ただし，Capability との比較においては，標準偏差が必要である（2.5.1，2.5.3）．一方，capability index は分布のパーセント点から求める ISO 方式では不十分である（2.5.1）．標準偏差によって分母を構成する，我が国における従来の方法［式(2.9)］が妥当である（2.5.1）．

なお，本書における Capability と Performance の差別化は，それぞれ工程の管理状態を前提とするか，必ずしも前提としないかであり，ISO 3534-2:2006（JIS Z 8101-2:2015）の process performance の定義に抵触するわけではない．例えば，初期流動期において，まだ工程が管理状態に未達の段階における工程実績が，Capability の裏打ちが十分でない Performance であると考えるならば，本書が主張する Performance はこれまでの Performance の考え方と変わらない．

内田他（2023）は，IATF 16949 における C_p と P_p の違いを次のように述べている．"顧客が直接実感する工程能力は，工程性能指数 P_p となる．そのため，P_p は，工程の実際の性能が顧客の要求を満足するかどうかを判断するために使用される．（中略）納品する側にとっては，サブグループ間の変動[14]を抑えることができれば，P_p を C_p まで改善できるかもしれないという潜在的な能力を意味するとも言える．そのため，C_p は，工程に顧客の要求を満足する能力があるかどうかを判断するために使用される"．このことか

---

[14]　本書では群間変動を意味する．

らわかるように，IATF 16949 においても，P_p が顧客への品質保証に，C_p がサプライヤー側の能力評価に使用される．本書による P_p と C_p の考え方が，IATF 16949 の考え方に抵触するものではない．

　1.1.2 で述べたように，本書では，工程能力を Capability，プロセスパフォーマンスを Performance と記している．process capability を工程能力と呼ぶことは市民権を得ているが，process performance の和訳は少々厄介である．JIS Z 8101-2 では "プロセスパフォーマンス，工程変動" としているが，前述したように，IATF 16949 では "工程性能" としている．本書の考え方に則ると "工程実績" といった和訳が妥当ではないかと考える．すなわち "Capability に裏打ちされた Performance" は "工程能力に裏打ちされた工程実績" ということになる．

　工程能力情報の二面性に関して，本書では幾何特性をその一つとして取りあげた．幾何特性が重視される時代背景には 3D 計測器の発展がある．計測分野の発展が品質保証上大きな貢献を果たしているのは事実である．しかし，プロセスの下流への品質保証に偏重することなく，本書で主張した工程能力情報の二面性を認識することは，より不可欠な概念になってくると考える．化学分析における機器分析も同様な構造をもっている．単に計測器が示す数値をモニターするだけではなく，数値はあくまで複合特性であり，その特性を構成する要素の情報の重要性を認識すべきである．

　また，本書では工程能力情報の二面性を，工程の変動に含まれる系統変動に拡張した．起こるべくして起こる系統変動は，許容範囲内ではあきらめた変動である．偶然変動もあきらめた変動という意

味では同じであるが，その対応は異なる．系統変動には調節やメンテナンスなどのリカバリー行為が伴い，しかもその行為は標準化されている．プロセスの下流への品質保証に系統変動への対応は欠かせない．しかし，工程能力情報としては，系統変動を含む工程の全変動と偶然変動を差別化し，工程能力情報の二面性として認識すべきである．

工程能力情報の二面性を認識したうえで，Capability と Performance を差別化することによって，下流プロセスへの保証への偏重による，自工程を含めた上流プロセスへの技術情報のブラックボックス化を防ぐことが期待できる．と同時に，Capability に裏打ちされた Performance としてプロセスの質保証をすることによって，下流プロセスへの品質保証もより確かなレベルになることが期待できる．

第**3**章 管理用管理図の役割

3.1 シューハート管理図の原点回帰

3.1.1 シューハート管理図の基本理念

　管理図の理念は，シューハートの著書『Economic Control of Quality of Manufactured Product』(1931) と『Statistical Method from the Viewpoint of Quality Control』(1939) に述べられていることはよく知られている．それぞれの和訳版は白崎 (1951) と坂元 (1960) である．管理図自体は Shewhart (1931) で提案されているが，その理念については Shewhart (1939) が詳しい．管理図のルーツを探るには北川 (1948) と西堀 (1981) が参考になる．

　西堀 (1981) は管理図の基本的理念として"プロダクツの管理ではなくプロセスの管理である"ことをあげている．上記のシューハートの文献では，経済的な生産は工程を統計的管理状態に近づけることによって実現し，そのための手法が管理図であることが述べられているが，"プロセスの管理"という言葉が明示的に強調されているわけではない．むしろ，1950 年のデミングによる 8 日間コースのセミナーに始まる日科技連品質管理リサーチ・グループの研究によるところが大きいのではないかと考える．デミングによる

セミナーの講義内容は，そのほとんどが管理図であった［日本科学技術連盟（1997）］．"工程管理と検査の違い""異常と不良の違い"などが強調され，"品質は工程でつくり込む"という品質管理の理念を象徴する手法として管理図が位置づけられたのは，デミングによるセミナーを端緒とした我が国における品質管理の発展過程においてではないかと推察する．

　また，西堀（1981）での座談会[15]で，坂元は"管理図は演繹的アプローチではなく，帰納的アプローチ"であることを指摘している．特に，管理図とネイマン・ピアソンの仮説検定との違いを強調している．このことはShewhart（1939）に強く述べられている．管理図が帰納的アプローチであることの説明は北川（1948）がわかりやすい．北川（1948）は"ネイマン・ピアソンの仮説検定の理論は，母集団の存在を想定し，任意抽出を前提とするものである．統計的管理自体は，この想定と前提とが，その管理の進行の過程において，次第に近似的に具現していくのである."と述べている．また，2.1で述べた工程能力についての座談会で紹介された図2.1の工程能力の機能分析も，統計的工程管理が"工程を管理状態に近づけていく"長期的な管理行為であることを示している．ここでも，管理図が帰納的な意味をもって使われていることが理解できる．以上から，管理図の基本理念は"帰納的アプローチによるプロセスの管理"であると言える．

　帰納的アプローチが反映された要素として3シグマ管理限界，

---

[15]　座談会への参加者は，西堀榮三郎，茅野健，坂元平八，田口玄一の諸氏（本文中は敬称略）である．

偶然変動の把握，解析用管理図から管理用管理図への移行運用と異常判定ルールがあり，プロセスの管理として，管理特性の選定に対する考え方がある．以降，本節では，これらシューハート管理図の基本理念を反映する要素を原点回帰することによって整理する．

3.1.2　3 シグマ管理限界

シューハート管理図の基本理念である帰納的アプローチを特徴付けるものが 3 シグマ管理限界である．管理限界の設定について，シューハートは次の四つの条件をあげている［例えば，北川 (1948)］．

1)　突き止められる原因が存在する場合，その存在を示すことができること
2)　単に示すだけでなく，突き止められる原因の発見を容易にするものであること
3)　経験的，かつ自律的であり，簡単であること
4)　突き止められる原因が存在しないとき，それを探求する機会をあらかじめ決められた確率以下にすること

これらの条件を満たす方法として，シューハートは管理限界に 3 シグマを考案した．3 シグマ管理限界はシューハートが経験的に編み出したものであり，そこに演繹的な根拠はない［北川 (1948)］．

3 シグマ管理限界の考案は，ネイマン・ピアソンの仮説検定をベースとした確率限界法と対峙する．これに関して，前掲の西堀 (1981) の座談会で坂元は "ネイマン・ピアソン流の考え方は確率論を前提とした演繹推理で，シューハートの 3 シグマ限界の場合

はこれを目安にして突き止めうる変動原因が存在するかどうか帰納
推理に持ち込もうとする考え方である"と述べ，同座談会で田口は
"フィッシャーも同じ"と述べている．確率限界法はネイマン・ピ
アソン流の仮説検定を管理図にそのまま持ち込んだものであり，イ
ギリス，ドイツを中心とした欧州の流儀である．

　シューハート管理図のISO規格の初版であるISO 8258:1991
は，3シグマ管理限界を採用した．しかし，その過程で，原案で
あった3シグマ管理限界に対してイギリス，フランス，ドイツ，
インドが反対投票をした経緯がある．ISO 8258の最初のドラフト
が作成されたのは1981年である．ISOの制定までに10年を要し
たことになる．ISO制定までの議論は，シューハート管理図の理
念とも言うべき帰納的な考え方に対する，ネイマン・ピアソン流の
演繹的な仮説検定を支持する欧州流の対峙である．特に，ドイツの
意見は極端であった．管理限界線を1パーセント点，警戒限界線
を5パーセント点に設定し，かつ，サンプルサイズを決定するた
めにOC曲線を取り入れることを提案したものであった［仁科，椿
(1991)］．

　確率限界法への批判として，北川(1948)は以下のように述べ
ている．"管理の初期段階では突き止められる原因が存在する．こ
れらを除去していくことが問題であり，こういう場合には合理的な
群の形成が重要であって，確率表に基づく詳細な管理限界を設定す
ることはそれほど意味がない．"確率論をベースとした演繹的アプ
ローチであるネイマン・ピアソンの仮説検定に対して，合理的群の
形成をベースとした3シグマ管理限界は管理図が帰納的アプロー

チであることを特徴付けるものである.

　管理図は解析用として,あるいは管理用として,場合によっては調節用として利用される.このことを踏まえて,3.1.4 では,その運用について触れ,3.2 では改めて解析用,管理用,調節用のそれぞれの管理図の機能を仮説検定の立場から整理する.

3.1.3 群の設定と偶然変動の把握

　3 シグマ管理限界のシグマは工程の偶然変動によって構成される.偶然変動は工程の偶然原因による変動である.偶然原因とは,技術的,経済的からみて,また管理対象とする工程の責任範囲内で制御することができない工程の 5M1E（Man, Machine, Material, Method, Measurement, Environment）の要素である.したがって,偶然変動は絶対的なものではなく,技術的,経済的レベル,及び管理の対象範囲に応じて決まるものである［久米（1976）］.2.4.1 で議論した Capability に資する変動がこれに相当する.シューハートは時間的なブロックとして群を設定し,ブロック内の変動,いわゆる群内変動によって偶然変動を計量することを提案し,その群を合理的な群と呼んだ.群の提案は,工程が管理状態に達していない段階で,偶然変動の大きさをつかむことができる画期的なものである［久米（1976）］[16].$\bar{X}$–R 管理図を用いるのであれば,その変動の大きさは式(1.1)によって計量できる.すなわち,群内変動に

---

[16] 久米（1976）によると,マハラノビスは,実験計画におけるフィッシャーのブロック因子は空間的ブロックであるのに対し,管理図におけるシューハートの群は時間的ブロックであると述べている.ブロックをつくることによって,比較する共通のベースを設定したという意味で両者は似ている.

よって偶然変動を想定しておき，結果として，その変動の大きさが時間的に均一であり，かつ工程の全変動が3シグマ限界内でランダムな変動であるならば，工程が統計的管理状態であり，その変動を工程の偶然変動とした．まさに，帰納的な発想である．偶然変動は演繹的に与えられるものではなく，工程固有のばらつきとして帰納的に求まるものである．

　群の設定は，保証単位（例えば，製造ロット）とするか，あるいは，出荷までのトレーサビリティが可能な製造単位とするのが一般的である．何となれば，標準化を前提とする限り，保証単位内では少なくても工程の5M1Eを意図的に変えることはないからであり，また，トラックヤードまでのトレーサビリティが可能な単位であると保証上の流出防止につながるからである．ここで重要な点は，標準化という管理行為によって，保証単位内では工程の5M1Eの均一性が意図的に維持管理されていることである．

　上記の群設定の原則に基づき群を設定したとしても，群間変動に偶然変動が含まれるケースがある．群内変動の大きさが偶然変動の大きさとはならないケースである．このような場合，偶然変動の計量に際して，次のような対応が望まれる．Caulcutt（1995）は“解析用管理図の$\bar{X}$管理図が管理状態を示さない場合，突き止められる原因を探しアクションをとる”という標準的なステップに対して，管理図の管理外れを示すパターンが系統変動であるか，あるいは偶然変動（ランダムな変動）によるものかを判断する必要性を強調している．管理限界外に多くの点が出るがそれらの原因が同定できないような場合，ランダムな群間変動が存在すると判断し，

偶然変動を群内変動ではなく，群間変動 [17] を含めた変動とすることをすすめている．これに関連して Bissell（1992）は Caulcutt（1995）での private communication において，$\bar{X}$ の移動範囲管理図 $[R_S(\bar{X})$ 管理図$]$ を $\bar{X}$–R 管理図と併用する $[\bar{X}$–$R_S(\bar{X})$–R 管理図$]$ ことによって群間変動のランダム性を調べることをすすめている．

Caulcutt（1995）と同様な研究に葛谷（2000）の調査研究がある．葛谷（2000）は本流動中の重要特性の管理図 63 枚を調査し，すべての工程の C_p が 1.33 以上であるが，X 管理図あるいは $\bar{X}$ 管理図に管理限界外の点が多発する管理図が約半数あったことを示している．葛谷はこの対応策として，Capability が確保された初期流動時の工程能力を標準値として本流動時の管理限界を与えることを提案している．この提案は，群に品質保証上の意味，技術上の意味をもたせたうえで，その群内変動を R 管理図で管理し，初期流動時の Capability の大きさまで群間変動を許容した変動を偶然変動とした $\bar{X}$ 管理図の管理限界を設定するものである．葛谷（2000）が示した事例は熱処理工程であり，1 バッチが群である．バッチ間に材料ロットの変動が含まれ，その変動がバッチ内変動と比較して無視できない大きさをもつことから $\bar{X}$ 管理図に管理限界線を越える点が多発したものである $[$図 3.1 a）参照$]$．

Caulcutt や葛谷が指摘したように，結果として，群間変動のランダムな部分を偶然変動とするケースもあることを認識しておくべきである．この場合，$\bar{X}$ 管理図の管理限界線を式(3.1)で求める．

---

[17]　Caulcutt（1995）は "medium-term" random variation と表現している．

$$\bar{\bar{X}} \pm 3\sqrt{\frac{\sum_{t=1}^{k}(\bar{X}_t - \bar{\bar{X}})^2}{k-1}} \qquad (3.1)$$

ここで，k は群の数である．

$\bar{X}$ 管理図の管理限界線を式(3.1)で求めた $\bar{X}$–R 管理図を図 3.1 b) に示す．式(3.1)による $\bar{X}$ 管理図の管理限界線は ISO 7870-2:2023 にも規定されている．このように，偶然変動の求め方は工程固有の問題となる．ISO 3534-2:2006 では，偶然変動を inherent process variation と呼んでいる．まさに"工程固有の変動"である．

そもそも，3シグマ管理限界線では幅が狭いのではないかという声もある．しかし，3シグマ管理限界の理念は不変であり，問題は偶然変動の捉え方にあると考える．例えば，np 管理図や c 管理図に代表される計数値管理図は，偶然変動としてサンプリング誤差しか考慮していない．このことから3シグマ管理限界線を越える打

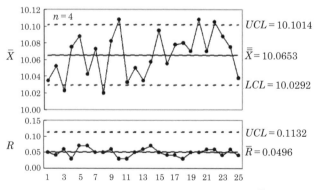

図 3.1 a)　バッチ（群）間変動に偶然変動を含む $\bar{X}$–R 管理図
[Nishina et al.（2005）]

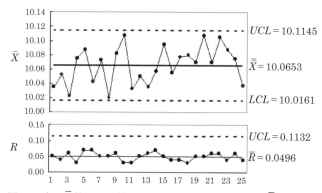

図 3.1 b） $\bar{X}$管理図の管理限界線を式(3.1)で求めた $\bar{X}$–R 管理図
［Nishina et al.（2005）］

点が多発することがある．例えば，半導体拡散工程においてウェハ
表面に付着するパーティクル数を管理特性とした c 管理図で管理限
界線を越える点が多発した．これは3シグマ管理限界線の考え方
に問題があるのではなく，不良率や発生率が群内で均一でないこと
による過大分散（overdispersion）によるものである［Kawamura
et al.（2008a）］．計数値管理図の3シグマ管理限界線については附
録1を参照されたい．

　第2章で述べたように，工程の変動には系統変動が存在する．
第2章では，系統変動を許容する場合（2.4.2）と許容しない場合
（2.4.3），また，バイアス変動を許容する場合（2.4.4）に分類し
た．系統変動の存在は，偶然変動の把握に工夫を必要とする．

　群の設定による偶然変動の把握において，許容した系統変動への
対応には注意が必要である．

1）　群内変動に系統変動が含まれていないか

2)　群間変動に偶然変動が含まれていないか

を検討する．1) に関しては，附録 2 図 A.1 のルール 7 が，2) に関
しては，前述した $\bar{X}$–$R_S(\bar{X})$–R 管理図が有用である．

3.1.4　管理図の運用

1.2.2 で述べたように，管理図の基本的な運用は解析用と管理用
である．これに加えて，管理図本来の使い方ではないものの，調節
用として使われる場合がある［日科技連品質管理リサーチ・グループ
(1962)］．

JIS Z 9020-2:2023 では，解析用，管理用という言葉は使われ
ていない．"標準値がない場合""標準値がある場合"，あるいは，
"フェーズ 1""フェーズ 2"という表記である．"標準値がない場
合""フェーズ 1"の管理図は解析用管理図に，"標準値がある場
合""フェーズ 2"の管理図は管理用管理図に相当すると考えてよ
い．ただし，ISO 7870-2 や IATF 16949 では，フェーズ 1 に対し
て，工程が管理状態であることを確認したうえで管理限界線を設
定するための一つのステップとする意味合いが強い．すなわち，
フェーズ 1 は"工程を管理状態にもっていく"という工程解析よ
りも"管理限界を求めるための過程"といった意味合いが強く，工
程解析のツールとして，すなわち工程解析用としての位置づけは希
薄である．その意味では，主として解析用管理図を QC 七つ道具の
一つとしているのは，管理図活用における我が国の特徴であると言
える．

解析用管理図が工程解析のツールとして，観察済みのデータを対

象とするのに対して，管理用管理図は日常のオンラインリアルタイムデータを対象とする．初期流動管理期に工程能力向上を指向した改善活動には解析用管理図が，そして，十分な工程能力を確認したならば本流動期に移行し，その能力を維持管理するツールとして管理用管理図を用いるのが一般的である．初期流動期から本流動期への移行期で管理限界線（3シグマルール）が延長される．この運用は，3.1.1で述べた管理図の基本概念である帰納的アプローチを特徴付けるものである．しかし，前掲の中村（1987）は"管理用管理図が，そのテキストに記されているとおりに機能している例を見かけたことがない"という問題を提起したわけである．

　調節用管理図は2.4で述べた系統変動を許容した場合のリカバリー行為に用いられる．調節限界幅は，許容される範囲では調節を行わない不感帯を意味する．したがって，いつ，どのようにして，どれだけリカバーするかは標準化されている．ただし，中村（1987）も指摘しているように，3シグマルールによる調節限界が妥当であるとは限らない．アクションが標準化された管理行為である点が，また，3シグマ限界が妥当であるとは限らない点が，調節用が管理図本来の使い方ではないゆえんである．実用上，管理図を調節用として利用する場合があるという背景には，管理特性が保証特性に一致しているケースがあると考えられる（3.1.6に詳しい）．

　以上のように，管理図は，工程が管理状態にない状態から，改善することによって管理状態にもっていき，それを維持管理する過程において長期的に運用される手法である．また，前述したように，管理図本来の使い方ではないものの，調節用として用いられるケー

スもある．管理図が対象とする工程は，本流動期に移行する成熟過程において，また，本流動期においても系統変動によって変化する．それに対応して管理図の運用方法も解析用，管理用，調節用と変わる．前述したように，3.2で改めて解析用，管理用，調節用のそれぞれの管理図の機能を仮説検定の立場から整理する．

3.1.5　異常判定ルール

附録2に，ISO 7870-2:2023 の Annex B(informative：参考)に掲載されている8つの異常判定ルールと解説を記す．これに関連して，ISO 7870-2:2023の規格本体には図3.2に示した記述がある．

8.2.5　　　Depiction of unnatural patterns
These unnatural patterns are depicted in Figure 3. However, the unnatural patterns should be regarded as guidelines, and not rules. There may be some processes, which as a natural pattern, exhibit any of the above unnatural patterns. For example, in oxidation process in semiconductor devices under influence of atmospheric pressure, runs are likely to appear in control charts. But such a state is not considered as unusual.
（略）
For a more complete discussion of these tests, see Annex B.

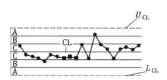

b) Example 2: Run – seven or more consecutive points on one side of centre line

Figure 3 — Examples of pattern tests for assignable causes

図 3.2　ISO 7870-2:2023 より抜粋（下線は筆者が加筆）[18]

---

[18]　ISO 7870-2:2023 の Figure 3 には4つの例（example）が提示してある．

　異常判定ルールの位置づけ，あるいは，異常判定ルールに関連した図 3.2 の記述が，現時点（2023 年）における ISO の立場を示している．ISO 7870-2:2023 に規定されているように，記載した異常判定はガイドラインであり，ルールではないとしている．図 3.2 のFigure 3 のタイトルも "rule" ではなく "example" である [19]．異常とは "いつもの状態" からの逸脱である．系統変動を含む工程の管理状態の見方に対して，上記の ISO 7870-2:2023 の下線部にあるように，"例えば，半導体デバイスの酸化膜形成工程では，気圧の影響によって管理図に連が発生しやすい．しかし，このような状態は異常とはみなさない（筆者訳）" と記述されている．"いつもの状態" は工程固有のものである．この考え方は，管理図が帰納的アプローチであることを象徴するものである．

　3.1.2 で述べたように，シューハート管理図に関する ISO の審議は 1981 年に始まり，その審議は 3 シグマ管理限界線の是非からであった．ISO 7870-2:2023 において帰納的アプローチの考え方が規格本体に規定されるまで 40 年余を費やしたことになる．途中，WTO/TBT 協定による JIS の ISO への整合化 [尾島他（1999）] があり，JIS への影響もあったが，我が国は一貫してシューハートの原点である帰納的アプローチを主張し続けてきた．それが，ISO 7870-2:2023 で実現したと言える．参考までに，帰納的アプローチをベースとした異常判定ルールに関して，ISO/JIS における変遷を附録 3 に記す．

---

[19] ISO 7870-2:2013 では "example" ではなく "rule" であった．

3.1.6　管理特性の選定

管理特性とは工程の結果系の特性であり，"それを見ていれば工程の管理状態を知ることができる特性［日科技連品質管理リサーチ・グループ（1962）］"である．管理特性として何を選択するかは，まさに工程能力情報の二面性に似た構造をもっていると考えられる．

次のような現場の声がある．"工数をかけている割に，どうも管理図の効果が見えてこない""異常原因を特定できない．オオカミ少年の状態になっている""管理図を調節図として使うことのほうが現場で受け入れやすいのでは"と，まさに冒頭の中村（1987）の問題提起と同じである．議論のなかで"管理特性の選択に問題があるように思う"という点も話題に上った．"管理図はむしろ調節図として用いたほうが現場では受け入れやすいのでは"ということと"管理特性の選択に問題があるのでは"ということが同時に話題になった点は興味深い．

草場（1986）による座談会"管理図の原点と将来"[20] において，神尾は，管理用管理図が"ややもすると技術的裏づけのない調節のみで終わってしまうことが多い．そしていつのまにか$\bar{x}$の管理限界そのものが調節限界になってしまうことが多い"と述べている．そもそも調節限界は工程平均の動きが技術的に推定でき，また，個々の製品を規格に合致するように生産する場合に用いる［草場（1986）］．まさに，系統変動が許容されている場合のリカバリー行為である．

---

[20] 座談会の出席者は，草場郁郎，酒井義治，春日井恒昭，天坂格郎，石山敬幸，伊東哲二，石川達也，神尾信（司会）の諸氏（本文中は敬称略）である．

管理限界そのものが調節限界になってしまう背景には，管理特性の選択があると考える．上記のように，調節限界は個々の製品が規格に合致することをねらったものである．管理用管理図がいつのまにか調節用管理図として機能している実態は，管理特性として保証特性が使われているケースが少なくないことを示唆している．

管理特性の選択に関して，前掲の草場（1986）では，工程ごとの保証特性と工程管理項目との関係を表した品質二元表により，管理特性は結果側としての保証特性よりも，保証特性に影響する原因に近い代用特性の中で，測定のしやすい特性を管理特性にすることをすすめている．

また，福岡（1983）には管理特性系統図が紹介されている．そこでは，品質特性の安定性に寄与するサブアッシー・部品の管理特性の選定にあたって，製品―部品の品質特性の関連性やその変動要因との関連性が検討されたものが可視化されている．選定した管理特性で工程の何を管理するのかを明確にさせると同時に，できるだけ上流にさかのぼった管理特性を選定すること，また，現場の問題点から保証特性の代用特性として管理特性を選定することが強調されている．

JIS Z 9021:1954 管理図法には，管理すべき項目の選定の備考にも"最終製品の品質特性ばかりではなく，次の工程の合理的な要求により，原料，半製品の品質特性をも管理項目として選ぶことがある"という記述がある．

今泉，川瀬（1967）には，水野滋氏の QC サークル大会での講演内容であるとして，次のような事例が紹介されている．"銅の電

線不良で表面キズが問題になっている．キズは検査特性であり，こ
れを管理特性とした管理図を書いただけではキズは減らない．キズ
と線引き機械に流している油の汚れの度合いとに相関があることに
気づく．そこで，油の汚れ具合を管理特性とした管理図管理を行う
ことによってキズを減らすことに成功した（筆者による要約文）"

　以上の記述は，製品の保証特性と工程の管理特性はその関連性を
十分に解析したうえで，それぞれが別の観点で選定された特性とし
て認識すべきであることを示している．管理特性は必ずしも保証特
性ではない．管理特性を選択する際には，十分な工程解析が必要で
ある．

　保証特性と管理特性の問題は，系統変動の存在とも絡んでくる．
系統変動は起こるべくして起こる必然的な変動であり，技術的ある
いは経済的制約から容認せざるをえないケースが少なくない．もし
管理用管理図の管理特性が，許容する系統変動を含む特性であった
ならば，その管理特性をもつ管理用管理図はやはり調節用管理図
として機能することになるであろう．管理限界線の設定方法にも
よるが，許容した系統変動によって管理図上の打点は異常のシグ
ナルの頻度が多くなる．それへの対応は結局のところ調節にならざ
るを得なくなる．許容する系統変動への対応が標準化されていたと
すれば，まさに，管理用管理図ではなく調節用管理図である．中村
(1987) による問題提起がここでも顕在化することになる．管理用
管理図では，系統変動は偶然変動と差別化すべきであり，管理特性
そのものが系統変動を含むことを回避することが望ましい．そのた
めの管理特性の選定を考えるべきである．

　系統変動を削除するために制御のしくみが組み込まれている工程において，制御されている特性を管理特性に選定したとしよう．予測誤差は含まれるものの，制御によって系統変動は削除される．したがって，2.4.3に示したように，Capabilityを計量するためであれば，制御後の変動を用いることになる．しかし，制御後の特性を管理特性とすることは必ずしも最良の選択ではない．管理用管理図による工程管理は，基本的には結果系特性のモニタリングである．その意味では元来管理用管理図は受動的な管理と言える．ところが，制御という管理行為は操作変数による工程への介入行為である．介入による結果系特性の効果を管理特性としてモニタリングが可能となる．このことは，元来は受動的な管理図管理を能動的な管理へと拡張することが期待できる［仁科（2009）］．

　2.4.4で取りあげた半導体ウェハの膜厚のように，ウェハの位置により膜厚の分布が異なる場合，データに対応があるバイアス系統変動が存在し，その変動が許容されるケースが多い．このような場合，許容されたバイアス系統変動のモニタリングが必要となる．そのための管理特性の選定は，特性自体の選定ではなく管理特性とする統計量の選定に検討が必要となる．

　以上のように，管理特性の選定は，特性として何を選定するかという問題と同時に，系統変動を含む工程の場合，どのような統計量を構成するかという問題がある．管理特性と保証特性の関連は，第2章で取りあげた工程能力情報の二面性と似た構造をもつ問題が潜在化している．本項で議論した管理特性の選択に関する原点回帰を受けて，3.3では管理用管理図の管理特性の再考を議論する．

3.2　仮説検定からみた解析用管理図，管理用管理図，調節用管理図

3.2.1　管理図は仮説検定か？

　3.1.1 では，管理図は帰納的アプローチであり，3シグマ管理限界の提案はネイマン・ピアソン流の仮説検定とは異なる背景があることを述べた．また，3.1.4 では，管理図は，工程が管理状態にない状態から管理状態にもっていき（解析用管理図が主流），それを維持管理する過程（管理用管理図が主流）において長期にわたって用いられる手法であること，また，管理図本来の使い方ではないものの調節用として用いられるケースもあることを述べた．管理対象とする工程は，本流動に移行するまでの過程において変化し，また，本流動期での維持管理においても工程の変動には系統変動が存在する．このような状況下で用いる管理図の機能を整理する一つの接近方法として，ここでは，管理図を仮説検定の視点から説明することを試みる．

　Woodall（2000）は "管理図は仮説検定か？" という命題に対する一つの回答を与えている．ここでは Woodall（2000）を参考に，仮説検定からみて，解析用管理図，調節用管理図とは異なる管理用管理図の仮説検定の立場を示すことによって，中村（1987）の問題提起への回答を試みる．併せて，機械学習による異常検知の手法を取りあげ，管理用管理図との違いを整理する．

3.2.2　仮説検定からみた解析用管理図

改善を指向した工程解析において, 解析用管理図は有用な手法である. 中村 (1987) も解析用管理図の有用性は認めている. Nelson (1988) は短期変動 (short-term variation) と長期変動 (long-term variation) によって解析用管理図の機能を説明している[21]. 例えば, 短期変動を 1 時間ごとの日内変動, 長期変動を日間変動とし, もし, 短期変動に対して長期変動がより大きいことが示されたとしよう. 解析用管理図はこのことを視覚的に示すことができ, 改善の糸口をつかむことができる. 逆に, 短期変動に対して長期変動が大きいことが示されなかったならば, 改善の糸口は日間以外に求めることになる. これが解析用管理図の基本的な機能である. Nelson (1988) は, 解析用管理図のこのような機能と比較対象となりうるのは, 一元配置実験の分散分析であると述べている. 森口 (1995) は, 一様性の検定として解析用管理図と一元配置の分散分析を比較している. そこでは, 前者は管理限界による "極値" に基づく検定であり, 後者は F 検定による "平均" に基づく検定であると説明し, 一時点のみにおいて群間の変動が大きくなる場合, F 検定よりも解析用管理図のほうが検出力が高いことを示している[22].

加えて, 解析用管理図には, 附録 2 で示すように, 連をはじめ

---

[21]　ただし, Nelson (1988) は解析用管理図という概念を強調しているわけではない.

[22]　森口 (1995) は, 1 時点のみの群間変動を d とすると, 例えば, 群の数が 24 のとき検出力が 90% になる d の値は, F 検定が 1.7 であるのに対して解析用管理図では約 1.0 であることを示している.

とするランダムネスの検定による異常検出機能，すなわち時系列情報による異常検出機能がある．もちろん，3シグマ管理限界に加えて他の異常判定ルールを併用したならば，第一種の過誤は大きくなる．しかし，改善を指向した工程解析の場合，改善のトリガーとなる仮説生成への情報が欲しいのである．このような状況下では第一種の過誤の大きさにこだわる必要はない．Woodall（2000）は"管理図は仮説検定か"という命題に対して，解析用管理図は探索的データ解析であり，管理用管理図は確証的データ解析であると述べている．探索的データ解析では第一種の過誤の大きさに神経質になる必要はない．このような視点に立つならば，第一種の過誤の大きさに気をとられることなしに，附録2の8つの異常判定ルールをすべて活用して，改善の糸口となる情報を見つけるべきである．解析用管理図では，改善に関する仮説生成に注力すべきである．

　ただし，この議論には管理図を利用する場の問題がある．管理図を利用する場において工程が管理状態である保証はない．つまり，工程を母集団とみなせる保証はない．ここでシューハートが考案した群の発想が活きてくる．群の設定は，このような状況下においても群内が管理状態を想定できる場をつくりあげていることになる．群を想定し，R管理図で群内変動の一様性を確認できる．この前提があってはじめて，解析用管理図が分散分析のF検定との比較対象となる．

　Woodall（2000）には，仮説検定と管理図との関係に対する諸見解がレビューされている．例えば，Vining（1998）は管理図を仮説検定の連続（sequence of hypothesis test）と解釈しているが，

一方で, Deming（1986）は管理図を仮説検定とみなすことに否定的である. これらの見解の違いは, 管理図を, 上記の群の設定を前提とした解析用管理図と管理用管理図に区別することによって, Woodall（2000）が主張するように, 解析用管理図は探索的, 管理用管理図は確証的との解釈が妥当ではないかと考える.

3.2.3　仮説検定からみた管理用管理図

3.2.2 で述べたように, 管理用管理図を確証的データ解析と考えよう. とするならば, 前掲した Vining（1998）が述べるように, 管理用管理図は仮説検定の連続という位置づけができる. このとき $\overline{X}$ 管理図であれば, 仮説は

帰無仮説：$\mu_t = \mu_0$　$(t = 1, 2, \cdots, \tau)$,

対立仮説：$\mu_t \neq \mu_0$　$(t = \tau+1, \cdots)$

ここで, μ_0 はいつもの工程平均

である. 事実, 多くの文献では, 管理用管理図の統計的特性を ARL（Average Run Length）で示す. 3 シグマ管理限界によって "工程が異常である" ことを警告するまでの打点数の分布が Run Length Distribution（RLD）であり, その平均が ARL である. このとき, RLD は, パラメータが ARL の指数分布となる. これは 1 打点ごとに逐次に上記の仮説検定を繰り返すことを前提としたときの管理図の統計的特性である.

ここで注意すべきは, t 時点の仮説検定の仮説は

帰無仮説：時点 t で工程が管理状態である,

対立仮説：時点 t で工程が管理状態でない

ではないことである．Deming（1986）は管理図が上記の仮説であることを強く否定している．工程が管理状態であることの仮説への判断は，打点ごとに逐次に行うものではない．久米（1976）は，例えば，1か月間のプロットを眺めて，そこに異常がないかどうかを調べるといった長期的，マクロ的な使い方が管理図本来の性能を活かした使い方であると述べている．

　ここで，シューハート管理図と累積和管理図の設計手順を比較する．累積和管理図には二つの設計パラメータ (h, k) がある．(h, k) の決定には，（工程平均 μ の管理であれば）帰無仮説 μ_0 だけではなく，対立仮説 μ_1（$\neq \mu_0$）の設定が必要である（ISO 7870-4: 2021）．加えて，$\mu = \mu_0$ のときの ARL（ARL_0：第一種の過誤に相当）と $\mu = \mu_1$ のときの ARL（ARL_1：第二種の過誤に相当）が必要である．この考え方はまさにネイマン・ピアソン流である．ISO 7870-4:2021 は，ARL_0 がシューハート管理図の3シグマ管理限界とほぼ同等となる設計として $(h, k) = (5.0, 0.5)$ を提示している．これが標準の設計として提示されているものの，あくまでも設計例の一つである．累積和管理図の理論的ベースは逐次確率比検定であり，まさにネイマン・ピアソンの基本定理をベースとしたものである（附録5参照）．

　周知のように，シューハート管理図の設計要素は中心線（CL）と上側管理限界線（UCL）と下側管理限界線（LCL）である．これらの設計要素の決定には対立仮説の発想がない．すなわち，帰無仮説のみから設計要素の値が決まる．その意味からすれば，前掲の田口が座談会［西堀（1981）］で指摘したように，シューハートは

フィッシャーの考え方に近い. シューハートが考える管理図の設計における仮説検定は帰無仮説のみである. そこに対立仮説の発想はない.

フィッシャーの統計の研究背景は農業である. 仮説検定のねらいは品種改良の効果を示すことであり, あるいは, 肥料の効果を示すことである. すなわち, フィッシャーは, 改良という意図した行為への効果を立証したかったのである. そのために P 値を考案した. 効果があるという結論へのエビデンスとして, その結論が偶然である確率を示したかったのである. これがフィッシャーの有意性検定であり, P 値である. 一方, シューハートの管理用管理図のねらいは工程の維持管理であり, そこは何らかの介入効果を立証したいという場ではない. シューハートが管理用管理図を用いて知りたかったのは, 工程がいつもの状態を維持していることである. 要するに, 帰無仮説の成立を管理図で知りたかったのである. その点がフィッシャーの有意性検定とシューハートとの違いであると考える.

仮説検定において, P 値を明示することによって帰無仮説の棄却を立証することができても, 同等性の検定の場合[23]を除き, 帰無仮説の成立を立証することはできない. しかし, 帰無仮説の成立を立証することを目的とした仮説検定がある. K. ピアソンの適合度検定である. K. ピアソンの統計の研究背景は遺伝学である. 彼は遺伝学の法則をデータによって立証したかったのである. 適合度検

---

[23] ただし, 同等性の検定は, 差がないことを立証するのではなく, "差がないと考えられる, 設定した値" より差が小さいことを立証することである.

定の目的は，大標本によって標本値と母数との誤差をできるだけ小さくしたうえで，データの分布（経験分布）と理論分布との適合度を評価することであった．経験分布と理論分布が整合することを想定したうえで，これらの間の乖離が偶然誤差によるものと言えるぐらい小さいことを確認することを目的とした［芝村（2004）］．

　ここで，2.1で述べた木暮（1975）による Capability を規定する要件に，"要因系に関して，主要な要因が特定の意識の下に抑え込まれ，偶然原因だけが作用する状態が意図的に確保されている"があることに注目する．この要件は，標準化という管理行為によって，技術的，また，経済的に可能な限り工程の5M1Eを意図的に均一化することを意味する．管理図が結果として管理状態を示しているだけではなく，意図的な標準化の行為のもとに得られた結果であるという確証を必要とする．つまり，フィッシャーが意図的に改善する行為で実験の場に介入しているのに対して，シューハートは，工程という場を維持することを意図的につくり上げることを前提としている．この前提は，芝村（2004）による上記の"経験分布と理論分布が整合することを想定したうえで"に相当する．

　また，本項前半で述べたように，管理用管理図が打点ごとに逐次に工程の管理状態を判断しているのではなく，長期的な見方による判断であることは，芝村（2004）による上記の"大標本によって標本値と母数と誤差をできるだけ小さくしたうえで"に相当する．

　以上の議論から，シューハートの管理用管理図は，K.ピアソンの適合度検定と同じように，帰無仮説の成立を立証しようとするものである．管理用管理図の一義的目的は，工程が管理状態にあるこ

との立証であり，工程が Capability の計量する要件を満たすことを立証する役割をもつ．

　管理用管理図の第一義的な目的が，工程が管理状態にあることの立証であることから，異常判定ルールとして，まずは，第一種の過誤をきちんと抑えることが必要である．宮川（2000）は3シグマ管理限界のルールだけでよいと述べている．本書もその立場をとる．ただし，その前提には，3.1.3 で述べた偶然変動の大きさの適切な把握がある．群間変動に偶然変動が含まれる場合，3シグマ管理限界外への打点頻度が高いようであると"オオカミ少年"になり，管理図無用論になりかねない（3.1.3 参照）．群間変動に系統変動が含まれる場合も同様である．やはり，3シグマ管理限界外への打点頻度が高くなる．管理特性の選定への工夫によって，全変動から系統変動を除くことが必要である．ただし，どうしても群間変動に系統変動が残る場合には，連や傾向が発生しやすい現象になる（図 3.2 参照）．しかし，この変動を検出するためにルール2（連のルール）やルール3（傾向変化のルール）を3シグマ管理限界と併用する必要はない．むしろ，3シグマ管理限界のルールのみにすることによって，わずかな系統変動の検出を意図せず，吸収（許容）する考え方でよい．

　もちろん，工程が管理状態であることの立証は，異常の検出機能を併せもつからこそ可能となる．ただし，異常の判定基準の原則は，工程固有のものと考えるべきである（3.1.5 参照）．あくまで，異常の原則は"いつもと異なる"状態である．連や傾向が発生しやすい工程であれば，ルール2やルール3を適用するのではなく，

"いつもより長い連が発生している" "いつもより傾向変化が急である" など，いつもとは異なる変動が観察できたならば異常と判定する．このようなルールは，3シグマ管理限界と併用した工程固有の異常判定ルールとして定めてよい．ただし，宮川 (2000) が述べているように，第一種の過誤の確率を小さく抑えることによって，管理用管理図の異常は "一大事" であるというルールにしなければならない．

石川他 (1984) の調査では，管理図に期待する機能として80%が "異常の早期発見" であった．しかし，管理用管理図の第一義的な目的は，工程が管理状態であることを立証することであり，また，それは打点ごとの逐次な検証ではなく，長期的な検証である．

ただし，一旦異常を検出したならば，管理用管理図を 3.2.2 で述べた解析用管理図の考え方に切り替え，異常原因追究のための仮説生成に役立つ解析に移行すべきである．前掲の Woodall (2000) の表現を借りるならば，フェーズ1 (解析用管理図による探索的データ解析) からフェーズ2 (管理用管理図による確証的データ解析) に移行し，異常と判断したならば管理用管理図を解析用管理図とした探索的データ解析に移行するということである．この段階では，第一種の過誤にこだわることなく，管理図の打点の動きを見直す．これをフェーズ3としよう [仁科 (2004)]．

ただし，ここで注意すべきは，フェーズ2との区別である．例えば，管理用管理図が t 時点で異常を示したとしよう．このとき，フェーズ2での判断は，"t 時点での工程が異常である" ではなく，"t 時点で工程が異常であることがわかった" ということである．

フェーズ2の判断に続くフェーズ3は原因究明である．管理図だけの情報から原因究明は難しいが，管理図の打点をさかのぼり，原因に対する仮説生成のために解析用管理図に移行した探索的データ解析を行う．

3.2.4　仮説検定からみた調節用管理図

　調節用管理図を仮説検定から議論することによって，管理用管理図との違いを明確にしたい．2.4.2で述べたように，調節とは許容された系統変動へのリカバリー行為であり，その行為は標準化されている．特性値が調節限界を超えたとき，標準化されたリカバリー行為を行う場合，その調節限界をもつ管理図を調節用管理図と呼ぶこととする．

　管理用管理図をそのまま調節用管理図として用いるならば，3シグマ管理限界が調節限界となる．管理図本来の使い方ではないが，Capability が高い工程であるならば，必ずしも不適切な結果をもたらすわけではない．調節による管理行為の前提は，工程が管理状態にあることである．したがって，3シグマ管理限界をもつ管理用管理図の管理限界を調節限界とすることによって，工程の管理状態を確認しつつ，同時に調節行為を実施することになる．ただし，中村（1987）が指摘したように，必ずしも3シグマ管理限界が調節限界として妥当なわけではない．

　ここで，調節用管理図として有用な手法として，acceptance control charts を紹介する．acceptance control charts は ISO 7870-3:2020 に規格化されている．ISO 7870-3:2020 で規定されている

modified acceptance control charts を紹介する．調節用管理図と
して使いやすいと考える．

　説明を簡単にするために，工程平均が正の方向への変化のみを考
える．上側調節限界（Upper Adjustment Limit：UAL）の設定手
順は以下のとおりである．

①　上側規格値（Upper Specification Limit：USL）と偶然変
　　動 $\hat{\sigma}$ から，許容できる工程平均の変化量［Acceptable Process
　　Level（APL）］を APL＝USL$-k\hat{\sigma}$（例えば，$k=4.0$）と決める．

②　帰無仮説を工程平均 $\mu=$ APL として有意水準 α を決める．

③　UAL＝APL$+z_\alpha\hat{\sigma}/\sqrt{n}$ を上側調節限界とする．ここで，z_α
　　は標準正規分布の上側 100α パーセント点，n はサンプルサイ
　　ズである．

　調節用管理図の運用は，調節するか否かの意思決定を逐次に行う
ことになる．また，調節方法は標準化されているので，上記の有意
水準 α を比較的大きく（例えば，$\alpha=0.05$）設定できる．

　以上のように，調節用管理図の設計と運用は，管理用管理図のそ
れとは異なる．管理用管理図の仮説設定が帰納的であるのに対し
て，上記のように規格値から仮説を設定する調節用管理図は演繹的
である．また，帰無仮説が棄却された場合のアクションが，管理用
管理図では原因の追究であるのに対して，調節用管理図では標準化
されている．調節コストは小さくなるように標準化される．した
がって，その運用において意思決定を逐次に行い，検出力を上げる
ために有意水準を比較的大きく設定しても第一種の過誤のリスクは
小さい．

3.2.5 機械学習による異常検知

シューハート管理図の基本理念の一つである帰納的アプローチ
は, 別の表現をするならばデータ駆動型 (データドリブン) アプ
ローチとも言える. データ駆動型の一つの特徴は, 教師データによ
る手法の設計である. その意味から, 3.1.2 から 3.1.5 で述べた,
管理限界線の求め方, 偶然変動の求め方, 解析用管理図から管理用
管理図への移行や異常判定ルールにみられる運用は, まさにデータ
駆動型である.

一方で, 昨今のデータ駆動型の手法として機械学習による異常検
知の手法がある. 本項では, 井出, 杉山 (2015) を参考に, 管理
用管理図と機械学習との関係を解説する. ここで取りあげる機械学
習による異常検知は, 井出, 杉山 (2015) における "変化検知"
に対応する.

機械学習による異常検知は, 学習データがラベルなしデータの場
合とラベルつきデータの場合に分類される. ラベルつきの場合は,
正常データと異常データに分類されているデータが入手できる場合
である. ラベルなしの場合は, 正常データのみの入手である.

井出 (2015) は機械学習による異常検知の手順を

① 仮定した分布のパラメータの推定

② 異常度の定義

③ 閾値の設定

としている. ラベルなしの場合, データ x の異常度 $a(x)$ を

$$a(x) = -\ln p(x|\boldsymbol{D}) \tag{3.2}$$

と定義する. ここで, p は仮定した確率分布, $\boldsymbol{D}$ はラベルなしの学

習データである．$p(x|\boldsymbol{D})$ は，学習データ $\boldsymbol{D}$ から，例えば最尤法でパラメータを推定したうえでの確率分布を意味する．ラベルつきの場合，異常度 $\alpha(x)$ を

$$\alpha(x) = \ln \frac{p(x|y=1,\boldsymbol{D})}{p(x|y=0,\boldsymbol{D})} \tag{3.3}$$

とする．ここで，$\boldsymbol{D}$ はラベルつき学習データであり，$y=1$ のときは異常データ，$y=0$ は正常データを示す．

　式(3.2)の異常度は，確率分布 p の上側確率か密度かの違いはあるが，フィッシャーの P 値と同様な指標と解釈できる．すなわち，帰無仮説（正常状態）であることがどの程度矛盾するかの程度として式(3.2)の値をモニタリングする方法である．フィッシャーが検定の目的とした"効果があることへの立証"と同じ立場である．井出（2015）はこのシステムを異常検知器と呼んでいることからも異常検知に重きをおいた手法であると言える．また，データごとに逐次に異常判定を行うことから，3.2.3 で述べた管理用管理図における仮説検定とは異なる．

　式(3.3)の異常度は，ネイマン・ピアソンの基本定理の利用である．式(3.3)とそれに対する閾値の設定は，帰無仮説，対立仮説と第一種，第二種の過誤の発想が含まれる．その意味では，尤度比をベースとした Wald（1947）の逐次確率比検定の連続である累積和管理図と，基本的な考え方は同じである．閾値の設定は，"1.0−（第一種の過誤の確率）"に相当する正常標本精度と，検出力に相当する異常標本精度のバランスから決まる．異常検知器としての性能には ROC 曲線（Receiver Operating Characteristic curve）が用

いられる．このことから，ラベルなしデータの場合と同様に，ラベルつきデータの場合も，異常検知はデータごとに逐次に判定をする異常検知器としての機能をもつ設計思想である．ただし，以下に述べるように，機械学習による異常検知は，ネイマン・ピアソンの仮説検定とは大きく異なる点がある．また，同じ視点から，3.2.3で述べた対立仮説をもつ累積和管理図とも設計思想が大きく異なる．

　機械学習による異常検知手法には"データによる学習"によって，仮説検定でいうところの仮説を生成する点に特徴がある．すなわち仮説設定が帰納的である．正常とみなすデータに比べて現時点が正常でない程度をモニタリングする．サンプルサイズが極めて大きいことから可能なことではあるが，前掲の手順①において，k-means法によって経験分布を導出する場合もある［井出，杉山(2015)］．ネイマン・ピアソンの考え方を基本とする累積和管理図の場合と比較するならば，その相違点が特に明確である．3.2.3で述べたように，累積和管理図の場合，帰無仮説と対立仮説は，工程平均を μ とすると

　　　　帰無仮説：$\mu = \mu_0$，

　　　　対立仮説：$\mu = \mu_1$

であり，少なくても μ_1 は演繹的に設定される．

　帰納的な設計思想という点からみると，機械学習による異常検知はシューハート管理図と同じである．機械学習による異常検知における帰無仮説は"正常とみなせるデータ"から学習する．3.1で述べたように，シューハート管理図は，解析用管理図でつくり込んだ偶然変動の大きさをベースに，管理用管理図の設計が決まる．まさ

に，両手法とも帰納的な設計である．

　ただし，シューハート管理図の管理用管理図の目的は，3.2 で述べたように，データのばらつきが偶然の範囲内であること，すなわち，帰無仮説の成立を検証することであった．また，その検証は打点ごとに逐次に行うものではない．第一種の過誤を低く抑えている管理用管理図に，逐次に異常を検知する機能は乏しく，異常検知の機能が第一義的なものではない．

　一方，機械学習による異常検知は，異常検知機能を第一義的に考えた仮説検定の枠組みで説明できる．前述したように，機械学習による異常検知では，正常／異常の判定が逐次に行われる．連続するデータでの利用を想定するならば，第一種の過誤を示す頻度の期待値は小さくない．したがって，異常判定時でのアクションは標準化されている行為であることが望まれる．そうでないと，日常管理のツールとしての活用が進まない．異常時のアクションは調節あるいはメンテナンスなど標準化されたアクションとなる．

　以上のことから，機械学習による異常検知は，帰納的アプローチであるシューハート管理図とネイマン・ピアソンの基本定理をベースとする累積和管理図の考え方を併せもつ手法と言うことができる．ただし，異常検知を第一義的な機能とすることから，管理状態であることを立証したい管理用管理図とは目的を異にする．異常検出が第一義的な役割である機械学習による異常検知では，調節行為の意味合いが強い．機械学習による異常検知は，シューハート管理図にとって代わる手法ではない．利用の場には棲み分けが必要である．

3.3 管理特性再考のすすめ

3.1.6 の管理特性の選定における原点回帰から学び，本節を管理特性の再考を促す内容としたい．

3.3.1 管理特性の選定の基本

3.1.6 で述べた，管理用管理図における管理特性の選定の視点をまとめると以下のようになる．

1) 管理用管理図の効用がみえてこない．

2) 原因の一つとして管理特性の選択にあるのではないか．

3) 保証特性は工程の状態を知る管理特性としては不十分ではないか．

4) 管理特性の選定には事前の工程解析が必要である．

5) 管理用管理図がややもすると調節用管理図に変貌してしまう．

6) 制御機能をもつ工程では，何をモニタリングすべきか．

7) 管理特性の変動が系統変動を含むことを回避すべきである．

8) 許容する系統変動が存在するが，それへの調節を伴わない場合，系統変動に対する管理が必要である．

以上の項目は互いに関連があり，管理特性自体の選定と管理特性を構成する統計量への視点となる．

管理特性の選択への問題提起は，2.3 で取りあげた工程能力情報の二面性と同様な構造をもつ．すなわち，まず，管理特性と保証特性は必ずしも同じではないことへの認識が必要である．3.1.6 で述

べたように，管理特性の変動に許容された系統変動が含まれている
場合，管理用管理図は"調節用管理図化"した機能になりがちであ
る．また，上記 6)～8) は，2.4 で述べた系統変動への対応におけ
る管理特性の選定についての視点である．工程の状況を映し出す鏡
であるべき管理特性の選択に潜む問題点は，上記 1) と 2) が示し
ているように，詰まるところは，第 2 章で主張した工程能力情報
における技術情報のブラックボックス化と同様な構造を有している
と言える．

　周知のように Capability の計量の前提は，工程が管理状態であ
ることである．3.2 で示した"工程が管理状態であることを立証す
るツール"である管理用管理図を用い，その管埋特性は，保証特性
をつくり込む技術要素にできるだけ対応した特性を選定することが
望ましい．その選定の視点が，上記 4) の工程解析を十分行ったう
えでの保証特性の代用特性の抽出と保証特性の分解である．

　保証特性の代用特性に関しては，3.1.6 で述べたように，管理特
性選択についての原点回帰が重要である．管理特性の上流化，すな
わち，保証特性の代用特性として，できるだけ原因に近い特性の選
択である．代用特性の例が，3.1.6 で述べた電線不良であるキズの
代用特性である線引き機械の油の汚れ具合であり，工程解析によっ
て解明した保証特性と相関が高い代用特性である．管理特性の選定
において工程解析が重要であることを物語る事例でもある．このよ
うに，基本的に管理特性は"より原因に近い特性［福岡（1983）］"
を選定することが望ましい．

　ただし，製品構造の複雑化や製造工程の複合化などから代用特性

の管理特性化の難しさを増している現状があるのも事実である．それだけに，事前の工程解析の重要性が増している．製造のDX化の一つの課題として取りあげられ，進展することが期待される．

保証特性の分解の典型的な例が，1.1.3で述べた幾何特性である位置度である．保証特性である位置度［式(1.3)］に対して，X軸方向とY軸方向への寸法特性の分解は，加工メカニズムから導出される保証特性の加工要素を構成する要因への分解であり，これによって方向と位置の情報をもつ技術特性に分解される．しかし，2.3.3で述べたように，平面度のような幾何特性の形状偏差は，位置度のような加工メカニズムに対応する寸法特性への分解が簡単にはできない．幾何特性の構成する素データを対象とした，事前の工程解析を必要とする．2.3.1と同様に，このときの管理特性を解析特性と呼ぶこととする．管理特性を解析特性とすることは，系統変動を含む工程の場合でも有用である．2.4.4で取りあげた半導体ウェハの製造工程のように，バイアス系統変動を許容する工程では，系統変動のモニタリングを目的とした解析特性の選定も考慮すべきである．

以下，本節では，2.3の保証特性が幾何特性の工程の場合と2.4の系統変動を含む工程の場合を例に，解析特性を用いた管理図を示す．いずれの管理図もCapabilityに資する解析特性を管理特性としたものである．

3.3.2　幾何特性（平面度）が保証特性の工程

2.3.3で取りあげた機械設備の土台底面の保証特性が，幾何特性

の平面度である工程を想定する．幾何特性としての平面度は，保証特性であり技術特性ではない．3.3.1 の 3) に述べたように，平面度は管理特性として適していない．2.3.3 で求めた Capability に資する技術要素に対応した解析特性のほうが管理特性として適している．

そこで，2.3.3 に示した対比による解析特性として抽出した

1)　Y 軸 1 次成分の X 軸方向へのゆがみ［図 3.3 a)］

2)　X_3 の Y 軸 2 次成分［図 3.3 b)］

をそれぞれを管理特性とする．図 3.3 に X–R_S 管理図を示す．データは 2.3.3 で求めた解析特性値である．図 3.3 のそれぞれの管理図の管理限界線が延長されて管理用管理図となる[24]．管理用管理図による工程の管理状態の確認が，2.4.2 に述べた Capability によって裏打ちされた Performance につながる．以下 3.3.3 から 3.3.5 で示す管理図も同様である．

3.3.3　系統変動（工具摩耗による傾向変化）を許容した工程

2.4.2 に示したように，工具の摩耗による系統変動を許容した工程の場合，管理特性の変動が許容した系統変動を含むことを避けなければならない．したがって，系統変動を EWMA モデルによってモデル化をし，その残差を管理特性とすることによって系統変動が管理特性の変動に含まれることを回避する．許容した傾向変動への

---

[24]　その意味では，図 3.3 の管理図は解析用管理図である．管理特性を解説することが主目的であることから，管理限界線が延長され，管理用管理図として利用されることを前提として解析用管理図を提示した．同様の理由から，3.3.3〜3.3.5 に示す管理図も解析用管理図である．

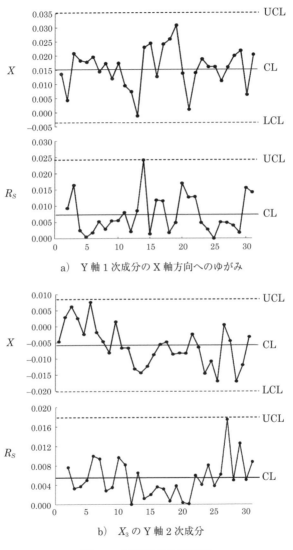

a) Y 軸 1 次成分の X 軸方向へのゆがみ

b) X_3 の Y 軸 2 次成分

図 3.3 平面形状の管理図

対応として，調節によってリカバーすることが標準化されている（図 2.10 参照）．

図 3.4 に，2.2.4 の数値例（図 2.11）における EWMA の残差を管理特性とした X–R_S 管理図を示す．

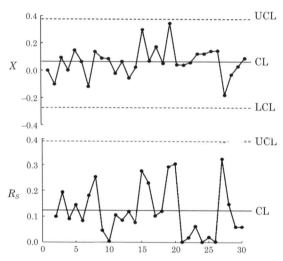

図 3.4　傾向変化をもつ工程の EWMA 残差の管理図（図 2.11 参照）

3.3.4　制御特性を管理特性とした工程

2.4.3 で取りあげた CVD 工程を例に，制御機能をもつ工程の管理特性について紹介する．制御は工程を常にある状態に保つために標準化された操作変数の変更による介入行為であることから，制御機能によって系統変動は取り除かれている．したがって，制御機能がある工程では，Capability と Performance に資するデータは同じである（2.4.3 参照）．ただし，これには，フィードバック制御シ

ステムが管理状態であることが前提となる．

　フィードバック制御システムを管理する方法として，制御システムへの入出力の関係をモニタリングする方法を紹介する［Nishina et al.(2012)］．制御システムがいつもの状態であるとは，入力である操作変数 w と出力である特性 y との関係式(2.2)

$$y = a + bw \tag{2.2}$$

が維持されているということである．CVD工程では操作変数が成膜時間であるので，管理特性を膜厚／成膜時間（加工レートと呼ばれる）とする．すなわち，式(2.2)の傾き b のモニタリングである．傾き b のモニタリングは，操作変数 w とその他の工程の要因(5M1E)との交互作用のモニタリングを意味する．もともと操作変数 w は他の要因との交互作用効果ができるだけ無視できる要因を選択するが，それでも操作変数の介入効果をモニタリングすることは，意図した介入効果を管理することから，通常の管理図よりも能動的なサンプリング方法と言える．ここで，入力側である要因が工程自体の入力要因（例えば，材料系の要因）であるならば，入出力の関係をモニタリングすることは，制御システムの管理にとどまらず，まさに工程そのものの管理を意味する．

　例えば，附録6に示した適応的未然防止策は，原因の状態に応じて加工条件を変更する（操作変数によって調節する）ことによる，ばらつき低減策の一つである．フィードフォワードによる制御になる．この場合，入力要因は，観察された原因の状況であり，制御システムの効果のモニタリングは，能動的サンプリングによるものとなる．制御は統計的工程管理にとって渡りに船である［仁科

(2009)］.

　図 3.5 に加工レートの実データを示す［Nishina et al.(2012)］.
加工レートは自己相関をもつので，EWMA によって自己相関をも
つデータをモデル化し，その残差を管理特性とする．図 3.6 は図

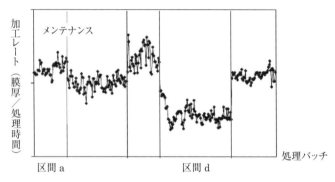

図 3.5　減圧 CVD 工程における加工レートの変動
［Nishina et al. (2012) をもとに著者が加筆］

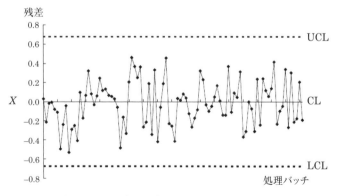

図 3.6　加工レート（図 3.5）の EWMA モデルの残差管理図
［Nishina et al. (2012) をもとに著者が加筆］

3.5 の区間 a のデータにより EWMA モデルを構築し，そのモデルを区間 d のデータに適用し，その残差の X 管理図を示したものである.

3.3.5　バイアス系統変動を許容した工程の管理特性

2.4.4 の半導体ウェハの製造工程を想定する. 2.4.4 では Capability に資する標準偏差を，ばらつきが最大となる測定点③（図 2.14 参照）での標準偏差とした. ウェハ平面内（処理バッチ内）でのバイアス系統変動を削除するためである. ただし，バイアス系統変動が安定していることが条件となる.

式(2.6)を再掲することによって，この工程で管理すべきばらつきを示す. 式(2.6)は，時点（バッチ）t $(t = 1, \cdots, T)$，測定点 i $(i = 1, \cdots, I)$ でのデータを y_{it} とし，その母平均を μ_i，偶然誤差を ε_{it} とし，膜厚のデータ y_{it} を

$$y_{it} = \mu_i + \varepsilon_{it} \quad \mathrm{Var}(\varepsilon_{it}) = \sigma_i^2 \quad (i = 1, \cdots, I) \tag{2.6}$$

とするものであった. 管理すべきばらつきは，バッチ間変動，ウェハ内系統変動と各測定点での変動である.

バッチ間変動の管理図の統計量は

$$\bar{y}_{.t} = \sum_i^I \frac{y_{it}}{I} \quad (t = 1, \cdots, T) \tag{3.4}$$

である. 注意すべきは，式(3.4)の統計量 $\bar{y}_{.t}$ の標準偏差をウェハ内変動（例えば，範囲 R）から求めないことである. 範囲 R を用いれば，通常の $\bar{X}$–R 管理図となるが，この場合の範囲 R を構成する測定点間データには強い相関があり，また，ウェハ内のバイアス

系統変動が含まれることから，統計量 $\bar{y}_{.t}$ の標準偏差を $\bar{R}/d_2$ ［式(1.1)］ から推定できない．統計量 $\bar{y}_{.t}$ の管理限界線は，移動範囲あるいは 3.1.3 で述べた式(3.1)から求める．ここでは，図 3.7 にバッチ間変動 $\bar{y}_{.t}$ の $\bar{X}$–$R_S(\bar{X})$ 管理図を示す．

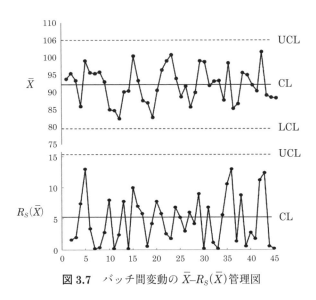

図 3.7　バッチ間変動の $\bar{X}$–$R_S(\bar{X})$ 管理図

　ウェハ内系統変動の管理には，準備として系統変動のパターンを解析しておく必要がある．図 3.8 は，五つの測定点を変数とした主成分分析（データは行中心化[25]，出発行列は分散共分散行列）の結果である．測定点②⑤（右上）と③④（左下）との膜厚の差にばらつきが大きいことを示している．また，中央の膜厚が大きくなる傾

---

[25]　バッチ間変動を取り除き，ウェハ内変動のみを解析の対象とするため，データを行中心化する．

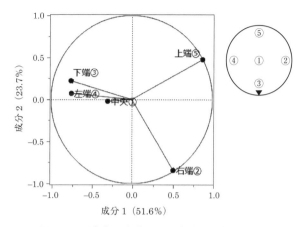

図 3.8 測定点を変数とした主成分分析の結果
(因子負荷量ベクトル)

向にあることから,主成分分析の結果から寄与率は大きくないが,
測定点①(中央)と②〜⑤(端)の差も管理項目に加える.統計量
は,それぞれ

$$測定点②⑤と③④の差:\frac{(y_{2t}+y_{5t})-(y_{3t}+y_{4t})}{2} \tag{3.5}$$

$$中央部と端の差:\frac{4y_{1t}-(y_{2t}+y_{3t}+y_{4t}+y_{5t})}{4} \tag{3.6}$$

となる.上記の二つの統計量は直交対比(2.3.3 参照)をなしてい
る.図 3.9 にそれぞれの X–R_S 管理図を示す.

注目すべきは,式(3.5)及び式(3.6)を管理特性とするウェハ内変
動の管理が,ばらつきの大きさの管理ではなく,ばらつきのパター
ンの管理になっていることである[Nishina et al. (2011)].通常の
$\overline{X}$–R 管理図の R 管理図はばらつきの大きさの管理である.ここで

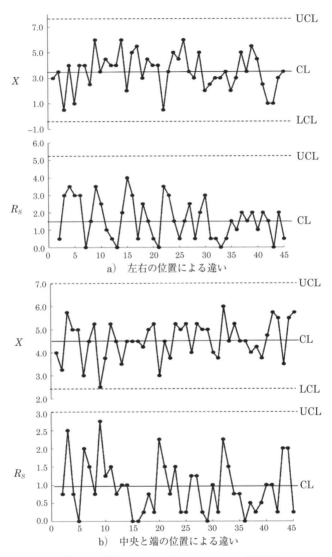

a) 左右の位置による違い

b) 中央と端の位置による違い

図 3.9　膜厚のウェハ内のパターンの管理図

は，ばらつきのパターンを直交対比から個々に管理特性を設定した
が，これを一括した管理図にするには，多変量管理図の変形である
T^2–Q 管理図［Jackson and Mudholkar（1979）］が活用できる [26].

(3.4) シューハート管理図がもつ管理用管理図としての機能

　3.1.1 でシューハート管理図の基本理念は "帰納的アプローチに
よるプロセスの管理" であることを述べた．管理図の基本概念を特
徴付ける要素は以下のように整理できる．

　帰納的アプローチを特徴付けるものとして 3 シグマ管理限界
（3.1.2）がある．3 シグマ管理限界を構成するのは工程固有の偶然
変動であり，偶然変動を把握する一つの方法が群の設定（3.1.3）
である．ここで，群間で発生する偶然変動や起こるべくして起こる
系統変動の存在が，偶然変動の把握を一筋縄ではいかない状況を生
むことには注意が必要である．工程改善を進め，工程が管理状態で
あることを解析用管理図によって確認し，その時点での工程のいつ
もの変動から求めた管理限界線を延長することによって管理用管理
図を運用する（3.1.4）．工程の異常とは，いつもの状態からの逸脱
であり，それを検出するためのルールは，管理対象とする工程固有
のルールである（3.1.5）．

　管理対象がプロセスであるという基本理念は，管理特性の選択に
現れる．管理用管理図がややもすると調節になってしまうケースが

---

[26] 本書では，T^2–Q 管理図は紹介だけにとどめる．活用事例として東出他
（2014），Goto et al.（2022）などがある．

見受けられる．すなわち，管理用管理図（管理限界）がいつのまに
か調節用管理図（調節限界）に変わってしまうことがある．これは
管理特性として保証特性が選定されることが少なくないことへの証
左ではなかろうか．

　第2章で"Capability に裏打ちされた Performance"をプロセ
スの質保証とすることを提案した．Capability を計量するには，
工程が管理状態であることが前提である．それを検証する方法が管
理用管理図である．仮説検定から管理図の機能を考察することに
よって，管理用管理図の第一義的な機能は工程が管理状態であるこ
とを立証することであると結論づけた．フィッシャーの有意性検定
は効果があることを，シューハートの管理用管理図はいつもの状態
が維持されていることを検証したかった．そのためにフィッシャー
は実験条件を意図的に変更し，シューハートは意図的にいつもと同
じ条件にする（標準化する）ことを前提とした（3.2.3）．

　シューハート管理図を管理用管理図として活用する際の要点を以
下に示す．

　1）　管理特性と保証特性の差別化を認識すべきである．保証特
　　　性の代用特性として，原因に近い要因の特性を管理特性として
　　　検討すべきである（3.1.6, 3.3.1）．

　2）　そのためには，事前の工程解析が重要である（3.1.6）．

　3）　技術的，あるいは経済的に可能な限り工程の 5M1E を意図的
　　　に均一化，すなわち標準化する管理行為を要件とする（3.2.3）．

　4）　工程が管理状態であることへの判断は逐次に行うものでは
　　　なく，長期的な判断とすべきである（3.2.3）．

5) 対象工程がいつもの状態であるかどうかの異常判定ルール，すなわち工程固有の異常判定ルールを帰納的に決めるべきである．ただし，異常判定は"一大事"であるというルールにしなければならない（3.1.5, 3.2.3）．

6) 一旦異常と判断したならば，管理用管理図を解析用管理図とした探索的データ解析に移行することが必要である（3.2.3）．

7) 系統変動を許容した場合，その変動が管理図の統計量のばらつきに反映することを避ける（3.1.6, 3.3.3）．

8) ただし，許容したバイアス系統変動の場合，その系統変動の管理が必要である（3.1.6, 3.3.5）．

9) 系統変動を取り除くための制御機能を有する場合，制御機能の管理状態をモニタリングすることが必要である（3.1.6, 3.3.4）．

中村（1987）の問題提起は，"管理外れを示したとき，その原因を調べ，真因を突き止め，その原因を除去するといった要求に，管理用管理図が応えられるであろうか"であった．これに対する本書の回答が"上記1)～9) の要点のもとで，管理用管理図は，工程の管理状態を立証する役割が最重視されることを認識すべきである."である．管理用管理図の第一義的機能は必ずしも異常検出ではない．

とはいえ，管理状態の立証は，異常検出機能を併せもつことによってなしうる．"異常判定は工程の一大事である"ことを警告する管理用管理図は，異常原因の追究のきっかけとなる機能をも併せもつ．上記の1)にあるように，この機能を高めるための要点は，

管理特性の選択にある（3.3.1）．管理特性の選定には，保証特性の代用特性の抽出，保証特性の分解など，事前の工程解析が重要である（3.1.6）．管理特性の上流化，すなわちできるだけ原因に近い保証特性の代用特性の選択である．管理特性とは"それを見ていれば工程の管理状態を知ることができる特性"である．このことは，第2章の工程能力情報の二面性と同様の構造をもつ．

　ただし，製品構造の複雑化や製造工程の複合化などから代用特性の管理特性化の難しさを増している現状があるのも事実である．事前の工程解析の重要性が増している．製造のDX化の一つの課題として取りあげられ，進展することが期待される．

　管理図のみでの原因追究は難しいが，3.2.3で述べたように，異常と判断したならば，管理用管理図を解析用管理図とした探索的データ解析に移行することで，原因追究に関する過去の時系列情報（例えば，変化点の推定）を解析すべきである．これをフェーズ1（解析用），フェーズ2（管理用）に続く，フェーズ3として位置づけたい（3.2.3）．

第4章　原点回帰から新機軸への展開

本書は工程能力情報，管理用管理図に焦点を当て，

1) 工程能力情報の二面性を認識するための Capability と Performance の差別化と，Capability に裏打ちされた Performance による工程能力評価

2) 管理用管理図の統計的機能を明確にしたうえで，その役割と管理特性の見直し

について，原点回帰から新機軸への展開を述べた．

プロセスを管理することによってプロダクツの品質を保証する．これが統計的工程管理を手段とした品質保証である．"一度，原点回帰をしてみませんか？　現状を見直すきっかけになるかもしれません．"本書が対象とした範囲は限られているが，ねらいはここにある．

某部品企業のトップが嘆く．ロットの受入合否に，顧客から各ロットのデータから算出された工程能力指数 C_p 値がある値以上であることを求められるケースがあるとのこと．企業間の取引上の契約であるので，内容自体について取りあげるわけではない．問題は，ロットの受入合否に C_p 値という用語が使われていることである．工程能力指数は適合性評価において重要な指標であることは言うまでもない．品質管理関係の適合性評価は，顧客からは見えない

プロセスの見える化がそもそもの目的である．適合性評価は間違いなく品質管理の普及に大きく貢献した．しかし，一方では上記の C_p 値の例のように，適合性評価のつまみ食いや一人歩き現象が起きているのも事実である．

また，工程能力情報の下流への保証情報への偏重は，技術のブラックボックス化と保証情報の形骸化を招くことが危惧される．日本品質管理学会規格 JSQC-TR 12-001（2023）には，品質不正に対する第三者報告書において，"工程能力がない" ことが品質不正の原因の一つであることが示され，工程能力調査，分析，評価の欠落と工程能力の経時的な低下の指摘があったと記されている．工程能力とは何かを，原点に立ち戻って見直す必要があると考える．その際，本書が指摘する，Capability と Performance の差別化と "Capability に裏打ちされた Performance" は何らかのヒントになるのではないか．

1.2 で紹介した中村（1987）による問題提起も事実である．管理用管理図がいつのまにか調節用管理図となっている．もちろん，調節用管理図の機能は必要である．しかし，管理用管理図の目的は違うところにある．設備集約型工程では設備の複合化が進み，また，IoT に代表される IT 技術の進歩，さらには，3D 計測や画像処理に代表される計測技術の進歩によって品質情報に関わる環境が激変している．このような環境下で，ややもするとプロセスの管理が軽視された状況で，プロダクツの保証への偏重傾向が危惧される．

"何を管理特性とすればよいか" "保証特性をつくり込んでいる技術要素は何か"，技術要素に対応する管理特性を，保証特性から一

歩要因系にさかのぼって考えてみてはどうか．工程解析の重要性を再認識すべきである．そこに工程能力情報の二面性と工程の状態を反映する管理特性が見えてくるのではないか．

　品質情報の環境の激変に伴い，データ駆動型に代表される手法の体系化への変革が期待される．これまでとはデータの量が格段に異なる．安価にデータが獲得できる時代である．管理図では，$\bar{X}$–R管理図に代わり全数管理図の提案がある［例えば，吉野（2021）］．全数サンプリングは保証単位上では母集団を意味するが，管理上ではサンプルであり母集団ではない．ただし，工程の“いつもの状態”を把握する多くの情報を獲得できる．これまでの1次，2次モーメントの統計量だけではなく，分布形状を管理特性としたモニタリングが可能である．また，加工された部品一つ一つにトレーサビリティをもつしくみが可能であれば，管理特性自体の選定の幅もより原因系に近い特性へと拡げることができる．

　シューハート管理図は典型的なデータ駆動型の手法である．激変する品質情報の環境下にあっても，これまでの考え方が否定されるわけではない．その設計の基本は，“いつもの状態”をこれまでのデータから設定し，いつもの状態からの逸脱を，対象工程に固有のルールから判定する．

　管理用管理図のどこに新機軸を求めるか．管理用管理図の統計的機能を再認識したうえで，データ駆動型としての新たな対応として，豊富なデータの量（変数の量，サンプルの量）から選定できる管理特性の見直しにあると言える．そのためには，十分な工程解析が必要であることは言うまでもない．

［附録1］

計数値管理図の3シグマ管理限界線について

ここでは，np 管理図と c 管理図を取りあげる．np 管理図はパラメータ p と n の二項分布を仮定し，c 管理図はパラメータ λ のポアソン分布を仮定し，管理限界線を求める．それぞれ3シグマ管理限界線は

$$n\hat{p} \pm 3\sqrt{n\hat{p}(1-\hat{p})} \qquad \text{(A.1)}$$

$$\hat{\lambda} \pm 3\sqrt{\hat{\lambda}} \qquad \text{(A.2)}$$

となる．式(A.1)，式(A.2)はサンプリング誤差を偶然変動としたものである．すなわち，np 管理図であれば，群内において p が一定であること，c 管理図であれば，群内において λ が均一であることを仮定している．

しかし，実際は群内で p や λ が均一とは限らない．Kawamura et al. (2008a) は半導体拡散工程においてウェハ表面に付着するパーティクルの付着率 (λ) は，群である1枚のウェハ表面内で均一ではないことを示している．パーティクル内の位置によって付着率にばらつきがある状況である．3.1.3で示したように，このような状況では，ポアソン分布を仮定した場合より過大分散 (overdispersion) となり，式(A.2)で求めた管理限界をもつ c 管理図では，管理限界線を越える点が多発する．np 管理図に関しては，藤野 (1987) が同様な問題提起をしている．

計数値管理図においてパラメータが群内で均一ではない場合，すなわち，偶然変動としてサンプリング誤差だけではない場合，複合

分布として，二項分布はベータ二項分布を［藤野 (1987)］，ポアソン分布は負の二項分布を［Kawamura et al. (2008a)］仮定することをすすめる．ベータ二項分布では p にベータ分布を，負の二項分布では λ にガンマ分布を仮定することによって，パラメータの群内のばらつきを考慮した複合分布を仮定する．

　具体的な対応方法は簡単である．$\bar{X}$ 管理図の管理限界を群内変動の $\bar{R}/d_2$ から求めるのではなく，3.1.3 で紹介した Caulcutt や葛谷の提案である $\bar{X}$ のばらつきから求める方法である．すなわち，np 管理図であれば

$$n\hat{p} \pm 3\sqrt{\frac{\sum_{i=1}^{k}(x_i - n\hat{p})^2}{k}} \tag{A.3}$$

　　　ここで，x_i は第 i 群の不適合品数，k は群の数

を用いる．ただし，式(A.1)と式(A.3)を比較して幅の広いほうを選択する［藤野 (1987)］．ベータ二項分布の標準偏差はモーメント法で推定するので，式(A.3)の標準偏差の分母は $(k-1)$ ではなく k である．

　c 管理図への対応は，Kawamura et al. (2008a) に詳しい．Kawamura et al. (2008a) が提案する方法は，管理限界の算出に負の二項分布による確率限界法を用いている［仁科 (2009)］．

[附録 2]

ISO 7870-2:2023 の 8 つの異常判定ルールについて

3.1.5 で ISO 7870-2:2023 の Annex B に 8 つの異常判定ルールが掲載されていることを紹介した．ISO 7870-2:2023 の Annex B は informative であり，ISO 規格本体ではない．ISO 7870-2:2023 を先取りした規格である JIS Z 9020-2:2023 の附録 B に参考として掲載されている 8 つの異常判定ルールを図 A.1 に示す．同 ISO の規格本体には，ISO で示す異常判定ルールは規格ではなく，ガイドラインであることが明記されている．本書でも 3.2.3 において，シューハート管理図の基本理念の一つが帰納的アプローチであることから，異常判定ルールは，工程固有のいつもの状況とは異なる固有のルールとすべきであることを主張している．

Nelson（1985）に 8 つのルールの解説がある．ルーツは 1956 年に発刊された Western Electric Statistical Quality Control Handbook である．すべてのルールは正規分布の仮定，かつ管理状態下で，0.5 ％未満で生起するパターンである［Nelson（1984）］．正規分布を仮定しているので，適用可能な管理図は $\bar{X}$ 管理図と X 管理図である．ただし，Nelson（1984）は，計数値管理図であってもルール 3 とルール 4 は適用可能，分布が左右対称であればルール 2 は適用可能であるとしている．

ルール 7 とルール 8 は群の構成につながる判断ルールである．3.2.2 で述べたように，解析用管理図では改善の糸口を見つけたいのであるから，第一種の過誤にとらわれることなく，ルール 1 か

らルール6のルールを積極的に活用すべきである．一方，管理用
管理図では，3.2.3で述べたように，ルール1を基本として，第一
種の過誤を抑えるためにランダムネスのルール（ルール2からルー
ル6）の併用には慎重になるべきであり，また，いつもの状態との
違いを判断するための工程固有のルールを定めるべきである．いず
れにしても，異常判定は"一大事"であるというルールにしなけれ
ばならない．

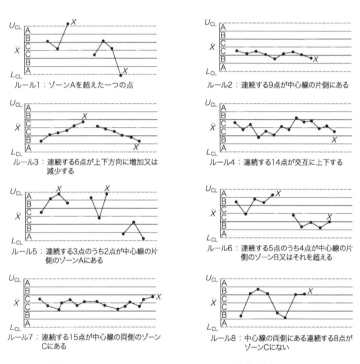

図 A.1　JIS Z 9020-2:2023 の 8 つの異常判定ルール

[附録 3]

シューハート管理図に関する ISO/JIS の変遷
──異常判定ルールに特化して

1995 年 1 月の WTO（世界貿易機構）/TBT 協定（貿易の技術的障害に関する協定）発効を契機として 1995 年度に品質管理分野国際整合化事業が開始された［尾島他（1999）］．その時点以前でのシューハート管理図関連の ISO/JIS は，ISO 8258:1991（Shewhart control charts）/JIS Z 9021:1954（管理図法），JIS Z 9022:1959（メジアン管理図），JIS Z 9023:1963（x 管理図）であった．このとき，ISO と JIS の対応はない．注目すべきは，これら三つの JIS のいずれにも 3 シグマ管理限界線以外に異常判定ルールの規定はない点である．

　整合化事業の際に ISO 8258:1991 の対応 JIS として，JIS Z 9021:1998（シューハート管理図）が発行された．このとき，図 A.1 の 8 つの異常判定ルールは規格本体に規定された．ただし，対応 JIS である JIS Z 9021:1998 には，参考として，"8 つの異常判定ルールは，一つのガイドラインである．異常判定ルールを決める際には，工程固有の変動を考慮して決めることが望ましい"との記述が挿入されている．"参考"は規格本体には含まれないものの，ISO との違いを示したものになっている．

　その後，ISO/TC 69/SC 4 において管理図のシリーズ化（ISO 7870 シリーズ）の事業が始まり，ISO 7870-2:2013（Shewhart control charts）が発行され，対応 JIS として JIS Z 9020-2:2016

が発行された．これらの規格では，8つの異常判定ルールは附録
（参考）に移されたものの，本体には，別の異常判定ルールが記載
され，規格ユーザーからみるとダブルスタンダードと解釈されるも
のであった．

　ISO 7870-2:2013 の改訂版が ISO 7870-2:2023（Shewhart con-
trol charts）である．3.1.5 で述べたように，規格内に記載された
異常判定はルールではなくガイドラインであり，工程固有の異常判
定ルールを認めた内容になっている．なお，JIS Z 9020-2:2023 は
ISO 7870-2:2023 が FDIS のときに，上記の異常判定ルールに関す
る一部を先取りしたものである．

［附録 4］

直 交 対 比

n 個のデータ z_i $(i = 1, 2, \cdots, n)$ がある．このとき L_1

$$L_1 = a_1 z_1 + \cdots + a_n z_n \quad \text{ここで, } \sum_{i=1}^{n} a_i = 0$$

を対比と呼ぶ．また，別の対比 L_2

$$L_2 = b_1 z_1 + \cdots + b_n z_n \quad \text{ここで, } \sum_{i=1}^{n} b_i = 0$$

との関係が，

$$\sum_{i=1}^{n} a_i b_i = 0$$

であるとき，対比 L_1 と L_2 は直交対比という．意味のある対比をつくることによって，式(A.4)に示した自由度 1 の平方和への分解ができる．

$$\text{自由度 1 の平方和：} \quad S_{L1} = \frac{{L_1}^2}{\displaystyle\sum_{i=1}^{n} {a_i}^2} \tag{A.4}$$

2.3.3 の平面度の事例では，2 次多項式を想定する．

（X_i における）Y 軸方向 1 次：

$$L_{i,1 次} = -2 w_{i1} - w_{i2} + w_{i4} + 2 w_{i5}$$

（X_i における）Y 軸方向 2 次：

$$L_{i,2 次} = 2 w_{i1} - w_{i2} - 2 w_{i3} - w_{i4} + 2 w_{i5}$$

の対比をつくる．ただし，上式での w_{ij} は素データの z_{ij}（表 A.1 参照）を i によって中心化したものである．したがって，上式の対比間には X 軸方向の変動は含まれていない．同様に，X 軸方向の変動の直交対比による分解も可能である．

表 A.1　平面度の素データ

X軸＼Y軸	Y_1	Y_2	Y_3	Y_4	Y_5
X_1	Z_{11}	Z_{12}	Z_{13}	Z_{14}	Z_{15}
X_2	Z_{21}	Z_{22}	Z_{23}	Z_{24}	Z_{25}
X_3	Z_{31}	Z_{32}	Z_{33}	Z_{34}	Z_{35}
X_4	Z_{41}	Z_{42}	Z_{43}	Z_{44}	Z_{45}

注：Z_{ij} は (X_1, Y_1) での Z を基準としたものである.

　以上のように，互いに直交した対比を構成することができる.
各々の直交対比の平方和を式(A.4)から求める.

[附録 5]

ネイマン・ピアソン流の累積和管理図

3.2.3 において，累積和管理図はそのパラメータの設計に対立仮説を必要とすること，また，第一種の過誤と第二種の過誤のペアを必要とすることを述べ，この考え方はネイマン・ピアソン流であることを述べた．設計時に帰無仮説のみを考慮するシューハート管理図とは統計的検定の考え方が異なる．

累積和管理図は，帰無仮説が採択されても，対立仮説が採択されるまで逐次確率比検定（以下，逐次検定と記す．）を続ける，いわば，逐次検定の連続 "sequence of sequential tests［Page（1954）］"である．したがって，その統計的理論背景をネイマン・ピアソン流である Wald の逐次検定に求めることができる．つまり，累積和管理図は，まさにネイマン・ピアソンの基本定理をベースとしたものである．

ネイマン・ピアソンの基本定理は，確率密度関数を $f(x; \mu)$ とする検定問題で，帰無仮説 $H_0：\mu = \mu_0$，対立仮説 $H_1：\mu = \mu_1$（$\mu_1 > \mu_0$ とする）のとき，

$$\frac{f(x; \mu_1)}{f(x; \mu_0)}$$

が正のある値以上であれば帰無仮説を棄却する検定方式が，有意水準 α のもとで最強力検定となるというものである．ネイマン・ピアソンの基本定理から，Wald の逐次検定は次のような検定を行う．

n 個のサンプル $(x_1, x_2, \cdots, x_n)$ があるとすると

$$B < \frac{f(x_1; \mu_1) f(x_2; \mu_1) \cdots f(x_n; \mu_1)}{f(x_1; \mu_0) f(x_2; \mu_0) \cdots f(x_n; \mu_0)} < A$$

であれば，次のサンプルを追加し同様の検定を逐次に継続する．A 以上であれば H_1 を採択し，B 以下であれば H_0 を採択する．累積和管理図は Wald の逐次検定において帰無仮説を採択した場合に，検定をリセットして，改めて逐次検定を行う方法である．上記したように，累積和管理図は逐次検定の連続であるというゆえんはここにある．また，3.2.5 に示したように，ラベルあり教師データの場合，機械学習における異常検知もネイマン・ピアソンの基本定理がベースである．その意味で，井出，杉山（2015）は，時系列データの変化検知の手法として，累積和管理図を機械学習における異常検知の古典技術と位置づけている．

［附録 6］

適応的未然防止

　工程による品質のつくり込みにおいて，ばらつきの低減が共通の課題となることは言うまでもない．量産時での応急措置はもちろんのこと，流出防止，再発防止，未然防止はばらつき低減の体系である．ここで，原因は既知であるが，その原因が既に発生していることから原因にアクションがとれない，あるいは，アクションをとることがコストの側面から得策ではないケースがある．例えば，納入材料のばらつきが品質特性のばらつきの原因であることがわかっても，既に納入しているので原因にアクションをとることはできない，また，納入先の問題であることから原因にアクションをとることはできないケースがある．このようなとき，原因の状況を観察し，それに応じて加工条件を変えることによって結果のばらつきを抑える方法がある．原因の状況に応じて対応するので"適応的"であり，加工する前にアクションをとるので"未然防止"であることから，仁科（2009）はこの方法を"適応的未然防止"と呼んだ．

　適応的未然防止によるばらつき低減の構造は，原因に対してアクションをとらない対策という点ではロバスト設計と同じである．ただし，ロバスト設計は，誤差因子との交互作用や非線形性を利用して，原因のばらつきが結果系特性へ与える影響を緩和させる構造であるのに対して，適応的未然防止は，原因の状況に応じた操作変数による調節を行うことによって，結果として，原因のばらつきが結果系特性へ与える影響を緩和させる構造である［仁科（2023）］．

　ロバスト設計が，伊奈製陶（現 LIXIL）で行われたタイルの焼成工程におけるトンネル窯の実験［田口（1999）］に代表されるように，オフライン未然防止であるのに対して，適応的未然防止は，オンライン未然防止と解釈することができる．

引用・参考文献

1) 飯田陽介, 仁科健, 大場章司(1993)：工程能力評価に関する一考察, 日本品質管理学会第 45 回研究発表要旨, 33–36

2) 飯塚悦功, 金子雅明, 平林良人編(2018)：ISO 運用の"大誤解"を斬る！, 日科技連出版社

3) 伊崎義則, 葛谷和義, 仁科健(2002)："工程能力における評価特性の見直し〜位置度の工程能力を例にして〜,"日本品質管理学会第 32 回年次大会発表要旨集, 61–64

4) 石川達也, 神尾信, 仁科健(1984)：管理図の利用に関する考察, 品質管理, Vol.35, 11 月臨時増刊号, 361–365

5) 今泉益正, 川瀬卓(1967)：管理図の作り方, 日科技連出版社

6) 井出剛(2015)：入門 機械学習による異常検知, コロナ社

7) 井出剛, 杉山将(2015)：異常検知と変化検知, 講談社

8) 内田治, 行武晋一, 伊藤侑也, 永井夏織, 宮本秀徳(2023)：IATF 16949 のための統計的品質管理, 日科技連出版社

9) 圓川隆夫, 宮川雅巳(1992)：SQC 理論と実際, 朝倉書店

10) 大須賀豊(1961)：切削機械工程の工程能力調査について, 品質管理, Vol.12, No.10, 53–57

11) 小川文子(2020)：幾何特性の工程解析とばらつき改善の考え方, 品質, Vol.50, No.2, 15–19

12) 尾島善一, 仁科健, 椿広計, 加藤洋一(1999)：統計的方法 JIS の大改正―ISO への整合化―, 品質管理月間委員会, 品質管理月間テキスト 291

13) 神尾信, 仁科健, 大場章司(1982)：傾向変化を示す場合の工程能力の評価, 品質管理, Vol.33, 6 月臨時増刊号. 340–343

14) 北川敏男(1948)：統計学の認識, 白揚社

15) 草場郁郎編(1986)：管理図活用の基本と応用, 日本規格協会

16) 葛谷和義(2000)：蘇る管理図！新 JIS への適合―「JIS Z 9021:1998 シューハート管理図」の活用による製造現場 SQC 再整備―, 日本品質管理学会第 65 回研究発表要旨集, 72–75

17) 久米均(1976)：管理状態の巻(Ⅱ), 品質管理, Vol.27, No.12, 46–47

18) 木暮正夫(1963)：工程能力に関する 2, 3 の考察, 品質管理, Vol.14, No.3, 148–155

19) 木暮正夫(1975)：工程能力の理論とその応用, 日科技連出版社

20) 杉山哲朗(2014)：工程能力調査，品質，Vol.44, No.1, 12–18

21) 鈴木武(1963)：工程能力とは，品質管理，Vol.14, No.3, 1–5 (64)

22) 芝村良(2004)：R.A. フィッシャーの統計理論，九州大学出版会

23) 田口玄一(1999)：品質工学の数理，日本規格協会

24) 永田靖，棟近雅彦(2011)：JSQC 選書 18　工程能力指数，日本規格協会

25) 中村恒夫(1987)：統計的手法の問題点，品質，Vol.17, No.4, 71–73

26) 仁科健，椿広計(1991)：TC69/SC4（統計的工程管理），品質，Vol.21, No.4, 46–50

27) 仁科健(2004)：ステップアップをめざした管理図再考，品質，Vol.34, No.2, 6–12

28) 仁科健(2009)：統計的工程管理，朝倉書店

29) 仁科健，山田裕昭，荒川雅裕(2016)：中小企業の製造中核人材育成を対象とした産官学連携の教育事業，日本品質管理学会第 46 回年次大会研究発表要旨集，83–86

30) 仁科健，松田眞一(2017)：中部支部若手研究会(東海地区)活動報告，品質，Vol.47, No.1, 23–29

31) 仁科健(2023)：適応的未然防止のすすめ，経営情報科学，第 17 巻，第 2 号，11–28

32) 西堀榮三郎(1981)：品質管理心得帖，日本規格協会

33) 日科技連品質管理リサーチ・グループ (1962)：管理図法，日科技連出版社

34) 日本科学技術連盟(1963)：工程能力について(座談会)，品質管理，Vol.14, No.8, 54–61

35) 日本科学技術連盟(1997)：創立五十年史，日本科学技術連盟

36) 日本品質管理学会 標準委員会(2011)：JSQC 選書 16　日本の品質を論ずるための品質管理用語 Part 2，日本規格協会

37) 日本品質管理学会(2023)：テクニカルレポート品質不正防止，日本品質管理学会規格 JSQC-TR12–001

38) 東出政信，仁科健，川村大伸(2014)：半導体製造工程における T^2-Q 管理図の実践，品質，Vol.44, No.3, 77–86

39) 福岡鉞夫(1983)：管理図による工程管理の推進について，第 15 回(中部支部第 2 回)シンポジウム要旨集，11–16

40) 藤野和建(1987)：不良個数が多いときのための管理図，品質，Vol.17, No.4, 9–14

41) 宮川雅巳(2000)：品質を獲得する技術，日科技連出版社

42) 棟近雅彦(1986)：歪んだ分布の工程能力の評価，品質，Vol.16, No.3, 8–15

43) 森口繁一(1955)：極値か平均か，品質管理，Vol.6, No.3, 126–129

44) 安井清一，安藤之裕，吉富公彦，野口英久(2013)：回帰残差に基づく統計的工程管理，品質，Vol.43, No.4, 40–44

45) 吉野睦(2021)：現場での小集団活動を支援するデジタル世代のQC七つ道具，日本品質管理学会第51回年次大会研究発表予稿集，45–48

46) Bissell, A.F. (1992)：private communication in Caulcutt（1995）

47) Caulcutt, R. (1995)：The Rights and Wrongs of Control Charts, *Applied Statistics*, 44, 3, 279–288

48) Clements, J.A. (1989)：Process capability calculations for non-normal distributions, *Quality Progress*, 22, 95–100

49) Deming, W.E.(1986)：*Out of the Crisis*, Massachusetts Institute of Technology, Center for Advanced Engineering Study, Cambridge, Mass

50) Goto, K., Ogawa, F. and Kawamura, H. (2022)：Process Adjustment and Monitoring in the Gear Grinding Process, *Total Quality Science*, Vol.7, No.3, 161–172

51) Jackson, J.E. and Mudholkar, G.S.(1979)：Control Procedures for Residuals Associated with Principal Component Analysis, *Technometrics*, Vol.21, No.3, 341–349

52) Juran, J.M. (1951)：*Quality Control Handbook*, McGraw-Hill

53) Kawamura, H., Nishina, K. and Higashide, M. (2008a)：Control Charts for Particles in the Semiconductor Manufacturing Process, *Economic Quality Control*, Vol.23, No.1, 95–107

54) Kawamura, H., Nishina, K. and Higashide, M. (2008b)：Discount factors and control characteristics in the semiconductor manufacturing process, *Proceedings of the 6th Asian Network for Quality*, CD, F1–05

55) Kotz and Lovelace (1998)：*Process Capability Indices in Theory and Practice*, Arnold

56) Long, J. M. and De Coste, M. J.（1988）：Capability Studies Involving Tool Wear, *ASQC Quality Congress Transactions*, Vol.42, 590–596

57) Montgomery, D.C. (2013)：*Introduction to Statistical Quality Control*, 7th edition, John Wiley & Sons, Inc.

140

58) Nelson, L.S.(1984)：The Shewhart Control Chart – Tests for Special Causes, *Journal of Quality Technology*, Vol.16, No.4, 237–239

59) Nelson, L.S. (1985)：Interpreting Shewhart $\bar{X}$ Control Charts, *Journal of Quality Technology*, Vol.17, No.2, 114–116

60) Nelson, L.S. (1988)：Control Charts: Rational Subgroups and Effective Applications, *Journal of Quality Technology*, Vol.20, No.1, 73–75

61) Nishina, K., Kuzuya, K. and Ishii, N. (2005)：Reconsideration of Control Charts in Japan, *Frontiers in Statistical Quality Control*, Vol.8, 136–150

62) Nishina, K., Higashide, M., Hasegawa, Y., Kawamura, H. and Ishii, N. (2011)：A paradigm shift from monitoring the amount of variation into monitoring the pattern of variation in SPC, *Proceedings of ANQ Congress Ho Chi Minh City 2011*, VIETNAM

63) Nishina, K., Higashide, M., Kawamura, H. and Ishii, N. (2012)：On the Integration of SPC and APC: APC can be a convenient support for SPC, *Frontiers in Statistical Quality Control*, Vol.10, 121–130

64) Page, E.S. (1954)：Continuous inspection schemes, *Biometrika*, Vol.41, 100–115

65) Pearn, W.L. and Kotz, S. (2006)：*Encyclopedia and Handbook of Process Capability Indices*, Word Scientific

66) Shewhart, W.A. (1931)：*Economic Control of Quality of Manufactured Product*, D. VAN Nostrand company, Inc.
（和訳）白崎文雄(1951)：工業製品の経済的品質管理，日本規格協会

67) Shewhart, W.A. (1939)：*Statistical method from the viewpoint of Quality Control*, The Graduate School, The Department of Agriculture, Washington
（和訳）坂元平八監訳(1960)：品質管理の基礎概念―品質管理の観点からみた統計的方法―，岩波書店

68) Spring, F.A. (1991)：Assessing Process Capability in the Presence of Systematic Assignable Cause, *Journal of Quality Technology*, Vol.23, No.2, 125–134

69) Taguchi, G. (1993)：*Taguchi on Robust Technology Development*, ASME Press

70) Vining, G.G. (1998)：*Statistical Methods for Engineers*, Duxbury-

Brooks/Cole, Pacific Grove, CA

71) Wald, A. (1947)：*Sequential Analysis*, John Wiley, New York
72) Western Electric (1956)：*Statistical Quality Control Handbook*, American Telephone and Telegraph Company, Chicago, Ill
73) Woodall, W.H. (2000)：Controversies and Contradictions in Statistical Process Control, *Journal of Quality Technology*, 32, 4, 341–350

74) JIS B 0021(1998)：製品の幾何特性仕様(GPS)―幾何公差表示方式―形状，姿勢，位置及び振れの公差表示方式
75) JIS B 0022(1984)：幾何公差のためのデータム
76) JIS B 0621(1984)：幾何偏差の定義及び表示
77) JIS Z 8101-2(2015)：統計―用語及び記号―第 2 部：統計の応用［ISO 3534-2(2006)：Statistics―Vocabulary and symbols―Part 2: Applied statistics］
78) JIS Z 9020-2(2016)：管理図―第 2 部：シューハート管理図［ISO 7870-2 (2013)：Control charts―Part 2: Shewhart control charts］
79) JIS Z 9020-2(2023)：管理図―第 2 部：シューハート管理図
80) JIS Z 9021(1954)：管理図法
81) JIS Z 9021(1998)：シューハート管理図 ［ISO 8258(1991)：Shewhart control charts］
82) JIS Z 9022(1959)：メジアン管理図
83) JIS Z 9023(1963)：x 管理図
84) ISO 7870-2(2013)：Control charts―Part 2: Shewhart control charts
85) ISO 7870-2(2023)：Control charts―Part 2: Shewhart control charts
86) ISO 7870-3(2020)：Control charts―Part 3: Acceptance control charts
87) ISO 7870-4(2021)：Control charts―Part 4: Cumulative sum charts
88) ISO 8258 (1991)：Shewhart control charts
89) ISO 22514-4(2016)：Statistical methods in process management― Capability and performance―Part 4: Process capability estimates and performance measures
90) ISO/TR 22514-9(2023)：Statistical methods in process management― Capability and performance ― Part 9: Process capability statistics for characteristics defined by geometrical specifications

索　　引

144

JSQC選書 36

統計的工程管理
　原点回帰から新機軸へ

2024 年 6 月 27 日　　第 1 版第 1 刷発行

監　修　者　一般社団法人 日本品質管理学会

著　　　者　仁科　　健

発　行　者　朝日　　弘

発　行　所　一般財団法人 日本規格協会
　　　　　　〒 108–0073　東京都港区三田 3 丁目 11–28 三田 Avanti
　　　　　　　　　　　https://www.jsa.or.jp/
　　　　　　　　　　　振替　00160–2–195146

製　　　作　日本規格協会ソリューションズ株式会社
印　刷　所　日本ハイコム株式会社

ISBN978–4–542–50494–3

● 当会発行図書，海外規格のお求めは，下記をご利用ください．
JSA Webdesk（オンライン注文）：https://webdesk.jsa.or.jp/
電話：050–1742–6256　E-mail：csd@jsa.or.jp

JSQC選書

JSQC（日本品質管理学会）監修

日本規格協会　　　　https://webdesk.jsa.or.jp/